高等学校电子信息类系列教材

《电路分析基础(第四版)》
实验与学习指导

张永瑞　程增熙　高建宁　编著

西安电子科技大学出版社

内 容 简 介

本书为《电路分析基础(第四版)》(张永瑞主编,西安电子科技大学出版社,2012 年出版)配套使用的辅助教学用书。其内容包括实验指导、习题详解、综合应用概念举例与点评三个部分。本书第一部分为实验须知和 8 个实验的内容、要求、操作步骤及实验中所用仪器仪表的基本原理和使用方法;第二部分为各章习题的详细解答;第三部分为 30 个综合应用概念的典型问题举例,每题在解答之后都有点评,包含了解答该题的关键步骤与应该注意的问题,部分题目还给出了求解该题的其他思路与方法。

本书可作为通信工程、电子信息工程、应用电子技术、自动化、计算机科学与技术和测控技术与仪器等专业学生学习的辅助教材。对电类专业的工程技术人员亦有重要的参考价值。

图书在版编目(CIP)数据

《电路分析基础(第四版)》实验与学习指导/张永瑞,程增熙,高建宁编著.
—西安:西安电子科技大学出版社,2013.1(2023.1 重印)
ISBN 978 - 7 - 5606 - 2933 - 9

Ⅰ. ①电⋯　Ⅱ. ①张⋯　②程⋯　③高⋯　Ⅲ. ①电路分析—高等学校—教学参考资料
Ⅳ. ① TM133

中国版本图书馆 CIP 数据核字(2012)第 279728 号

责任编辑　王　斌　李惠萍　夏大平
出版发行　西安电子科技大学出版社(西安市太白南路 2 号)
电　　话　(029)88202421　88201467　　邮　　编　710071
网　　址　www.xduph.com　　　　电子邮箱　xdupfxb001@163.com
经　　销　新华书店
印刷单位　西安日报社印务中心
版　　次　2013 年 1 月第 1 版　2023 年 1 月第 6 次印刷
开　　本　787 毫米×1092 毫米　1/16　印张　12.5
字　　数　289 千字
印　　数　11 501~12 300 册
定　　价　31.00 元
ISBN 978 - 7 - 5606 - 2933 - 9/TM
XDUP 3225001 - 6

前　言

电路分析基础是通信工程、电子信息工程、应用电子技术、自动化、测控技术与仪器和计算机科学与技术等专业教学计划中的主干课程，在校大学生要学好这门重要的课程，除了要有好的教材之外，还应有配合课程教学的辅助教材。

《〈电路分析基础(第四版)〉实验与学习指导》是一本辅助电路分析基础课程教学的用书。它包含了三个部分的内容：

第一部分为配合电路分析基础课程教学所必须实施的实验部分。这部分内容中介绍了实验须知和 8 个实验的内容、要求、操作步骤及实验中所用的仪器仪表的基本原理和使用方法。近年来，教育部启动了卓越工程师培养计划，目的是使卓越工程师班的学生在大学培养期间就多"动手"实践、接触工程，毕业之后既能"动口"讲理论，又能"动手"干工程。在新一轮教学计划修订之后，许多普通高校电路分析基础实验课中减少了理论验证方面的实验，加强了"观察现象"、"问题分析讨论"和"独立设计实验"这样一些深层次的实验内容，提倡创新性实验，这是课程实验改革的方向。为什么要减少验证性实验呢？就基尔霍夫定律与叠加定理的内容来说，无疑应是电路分析基础课程中既经典而又重要的内容，从理论上理解、掌握、应用它们分析计算电路问题才是最主要的。而真要组成实验电路，用一般的电流表、电压表测量各电流、电压值来验证节点电流代数和等于零、回路电压代数和等于零，反而成了问题。对于电路中某一节点来说，可能实际测量电流值并不精确满足代数和等于零，这是由于测量电表的测量误差、人眼读数误差等因素造成的。这对于刚接触电路的学生来说，是相信教材中的理论结论，还是相信自己"实验"的结果呢？这样一来反而把概念给搞糊涂了。为了避免使学生引起这样的错觉，因此就不再做这样的验证性实验。

第二部分为《电路分析基础(第四版)》各章配置习题的全部详细解答。作为各章习题解答，只能用该章、该节的概念、所讲方法求解，以便深化和掌握该章、该节所讲授的基本概念和基本分析方法。从配合教学的观点看，这样安排是适宜的。从教学规律看，因为不能有"概念超前"、"方法超前"的现象，所以对每一个题的解答，题解中所用方法不一定是最好的，即是说，有的题可能用后面章节所讲的概念、方法求解会更简单。为了使读者阅读方便，本书基本上对《电路分析基础(第四版)》各章习题需解答的题给出了原题内容，包括文和图。请读者注意，为了节省篇幅，在一些题的解答过程中，只因需要在原图示电路中加点、加电流电压参考方向、加环路方向等，而并不改变原图风貌，故均未给出原图示电路。希望读者在课程学习的过程中不要过分依赖"题解"，应该独立思考、分析、解答教师所布置的作业，深刻理解课程的基本概念，熟练掌握课程的基本分析方法。

第三部分为综合应用概念举例与点评。安排这部分内容的出发点是在学完全课程以后，训练如何灵活综合应用概念求解难度较大的题目。在这部分中，先明确几类题型的含义，接着详解 30 个各种类型的例题，在各例题解答之后，均给出了对该题的点评。点评中指出解答该题的关键步骤、易出错之处、应注意的问题、解答该题的其他思路以及由该题的解答联想拓展相关概念点、解答相似类型题目的方法与技巧。理解、消化这部分内容对解答硕士研究生入学考试中难度大的电路题目非常有帮助。

在编写本书过程中得到了云立实副编审及责任编辑王斌的热情帮助，也得到了编著者同行的大力支持，在此一并表示衷心的感谢。

由于编著者水平有限，加之编写时间仓促，书中定有疏漏与不足之处，恳请广大读者批评指正。

编著者

2012 年 7 月

常 用 符 号 表

符号	中文表义
q	电荷
ϕ 或 Φ	磁通
φ	相位差
ψ 或 Ψ	磁链
ψ	初相位
$i(t)$ 或 i	电流瞬时值
I	直流电流；交流电流的有效值
$\dot{I}$	正弦交流电流的有效值形式相量
I_m	正弦交流电流的振幅值
$\dot{I}_m$	正弦交流电流的振幅值形式相量
$u(t)$ 或 u	电压瞬时值
U	直流电压；交流电压的有效值
$\dot{U}$	正弦交流电压的有效值形式相量
U_m	正弦交流电压的振幅值
$\dot{U}_m$	正弦交流电压的振幅值形式相量
$p(t)$ 或 p	功率瞬时值
P	直流功率；交流功率的平均功率或有功功率
Q	无功功率；品质因数
$\tilde{S}$	复功率
S	视在功率
λ	功率因数
$w(t)$ 或 w	瞬时能量
W	直流能量
W_{Lav}	电感 L 的平均储能
W_{Cav}	电容 C 的平均储能
R, r	电阻
R_s	电源内阻
R_L	负载电阻
R_{in}	输入电阻
R_o	输出电阻；等效电源内阻
G, g	电导
L	电感
C	电容
M	互感

Z	阻抗
Z_{f_1}	次级回路向初级回路的反映阻抗
Z_{f_2}	初级回路向次级回路的反映阻抗
Z_{in}	输入阻抗
Z_{out}	输出阻抗
Z_L	电感 L 的阻抗；负载阻抗
$\boldsymbol{Z}$	二端口网络 z 参数常数矩阵
Z_c	二端口电路特性阻抗
Z_{c1}	二端口电路输入端口特性阻抗
Z_{c2}	二端口电路输出端口特性阻抗
Z_T	二端口网络的传输阻抗；转移阻抗
X	电抗
X_L	感抗
X_C	容抗
X_{f1}	次级向初级的反映电抗
X_{f2}	初级向次级的反映电抗
Y	导纳
$\boldsymbol{Y}$	二端口网络 y 参数常数矩阵
Y_T	二端口网络的传输导纳；转移导纳
Y_{in}	输入导纳
Y_{out}	输出导钠
f	频率
f_c	截止频率
f_{c1}	下截止频率
f_{c2}	上截止频率
f_0	谐振频率
ω	角频率
ω_c	截止角频率
ω_{c1}	下截止角频率
ω_{c2}	上截止角频率
BW	通频带宽度
ω_0	谐振角频率
ρ	特性阻抗
A	放大倍数
$\boldsymbol{A}$	二端口网络 a 参数常数矩阵
K_u	二端口网络电压传输比；电压转移比
K_i	二端口网络电流传输比；电流转移比
τ	时间常数
$y(t)$	电路响应；电路输出

$y_h(t)$	自由响应；固有响应
$y_p(t)$	强迫响应
$y_r(t)$	暂态响应
$y_s(t)$	稳态响应
$y_x(t)$	零输入响应
$y_f(t)$	零状态响应
$y(0_+)$	响应在换路后瞬间的数值，即一阶电路的初始值
$y(\infty)$	响应在换路后 $t=\infty$ 时的数值；即直流激励一阶电路的稳态值
$\varepsilon(t)$	单位阶跃函数
$g(t)$	单位阶跃响应
$H(j\omega)$	网络函数
$\boldsymbol{H}$	二端口网络 h 参数常数矩阵
OL	欧姆定律
KCL	基尔霍夫电流定律
KVL	基尔霍夫电压定律
KL	基尔霍夫定律
VAR	伏安关系
VCL	电压电流关系

目 录

第一部分　实验指导

第二部分　《电路分析基础(第四版)》各章习题详解

第三部分　综合运用概念举例与点评

第 一 部 分

实 验 指 导

第一部分

实 验 指 导 书

I 实验须知

一 实验课目的

（1）熟悉万用表、直流稳压电源、低频信号发生器、晶体管毫伏表及电子示波器等常用电子仪器、仪表的性能和工作原理，学习并掌握上述仪器仪表的使用方法。

（2）学习并掌握电流、电压、阻抗、网络伏安特性、网络频率特性以及网络动态响应等的测量方法。

（3）培养初步的实验技能，包括正确选用仪器、仪表，制定合理的实验方案，实验中各种现象的观察和判断，实验数据的正确读取和处理，误差分析，实验报告的撰写等。

二 实验室规则

（1）按时上课，未完成实验不得早退；未经教务部门同意，不得随意更改实验时间。

（2）学生必须听从教师的指导，做好课前预习，按编组按时进行实验。

（3）学生必须以严肃的态度进行实验，严格遵守实验室的有关规定和仪器设备的操作规程。出现问题应立即报告指导教师，不得自行处理，不得挪用其他实验桌上的仪器设备。

（4）爱护教学设备和器材。实验中要做到大胆、细心，有条不紊；实验完毕需经指导教师检查认可后，方可拆除线路，并将仪器设备恢复原状，归放整齐。

（5）保持实验室肃静、整洁，作到三轻：说话轻，走路轻，关门轻。不得在实验室内吸烟，不得乱抛果皮纸屑，每次实验完毕，应指派专人打扫实验室卫生。

（6）借用实验室器材、仪器设备、工具等，应按规定的制度办理，履行登记手续。丢失、损坏实验器材、仪器设备，应由本人写出书面报告，视情节轻重，给予批评教育，并部分或全部赔偿经济损失。

（7）实验室不得储存易燃、易爆和剧毒物品。注意防火、防盗，应配备防火器具并放置于醒目位置。无关人员未经允许不得进入实验室。

（8）离开实验室要关好门窗、切断电源。节假日要有保安措施，遇有可疑情况应立即报告保卫处。

三 实验报告要求

(一) 实验报告格式

以本书作为教材的学生，我们要求按下列格式书写实验报告。

1. 实验题目

2. 实验目的

3. 实验原理

4. 实验仪器(要写明使用仪器的型号与名称)

5. 实验内容

1) 第一个实验内容

(1) 标题。

(2) 原理线路图及实验条件(包括元器件参数、输入信号参数等)。

(3) 数据表及数据处理结果(包括误差计算和分析)。

(4) 曲线图或波形图。

(5) 结论(在充分了解实验原理的基础上，对实验数据、曲线或波形进行分析，并与理论计算结果进行对比后得出的结论。如实验验证了哪个理论问题，或学到何种测量方法和实验技巧)。

2) 第二个实验内容

(1) 标题。

(2) 原理线路图及实验条件(包括元器件参数、输入信号参数等)。

(3) 数据表及数据处理结果(包括误差计算和分析)。

(4) 曲线图或波形图。

(5) 结论。

……

6. 回答问题(回答指导书提出的问题或教师指定的问题)

(二) 写报告注意事项

(1) 写报告要用实验报告纸，封面要用学校指定的实验报告封面纸。

(2) 数据记录和数据处理要注意数据的有效位数(详见下一节的"(一)实验数据和有效数字")。记录和填写数据时，如有错误，不能随意涂改。正确的改正方法为：在需改正的数据中央打上一条横斜杠，然后在其上方写上正确数据。

(3) 曲线和波形应认真地画在坐标纸上。曲线不能简单地在坐标图上把相邻的数据点用直线相连，应进行"曲线拟合"(详见下一节的"(二)实验结果的图示处理")。纵、横坐标代表的物理量、单位及坐标刻度均要标清楚。需要互相对比的曲线或波形，应画在同一坐标平面上，而不必一条曲线（或波形）一张图，但每条曲线（或波形）必须标明参变量或条件。画好的曲线（或波形）图应贴在相应实验内容的数据表下面。亦可将图集中安排在报告的最后一页，但每个图必须标明是哪个实验内容的何种曲线（或波形）。

（4）实验数据的原始记录应用钢笔（或圆珠笔）写上实验者的姓名，并由指导教师检查签字后方为有效。实验报告必须附有教师签字的原始数据纸，否则视为无效报告。正式报告中的数据表要认真填写，不能用原始数据记录纸代替。

四 实 验 数 据 处 理

（一）实验数据和有效数字

直接测量数据是从测量仪表上直接读取的。读取数据的基本原则是允许最后一位有效数字（包括零）是估读的欠准数字，其余各高位都必须是确知数字。测量结果的有效数字位数应该取得与测量误差相对应。例如，测得电压值为 5.672 V，测量误差为 ±0.05 V，则测量结果应为 5.67 V。

测量结果中有时会出现多余的有效数字，此时应按下述舍入原则处理：当多余的有效数不等于 5 时，按"大于 5 则入，小于 5 则舍"的原则处理；当多余的数等于 5 时，要看该数的前一位数是奇数还是偶数，奇数则入，偶数则舍。例如，把下列箭头左端的数各删掉一位有效数字，按上述原则即得右端的结果。

$$4.186 \rightarrow 4.19 \qquad\qquad 62.734 \rightarrow 62.73$$
$$0.825 \rightarrow 0.82 \qquad\qquad 0.815 \rightarrow 0.82$$

间接测量数据是通过对直接测量数据进行加、减、乘、除等运算得到的。运算结果应取的有效数字位数原则上由参加运算诸数中精度最差的那个数来决定。例如

$$10.8725 + 6.13 + 21.432 = 38.4345 \text{ 应取 } 38.43$$
$$3.98 \times 4.125/2.5 = 6.567 \text{ 应取 } 6.6$$

这种处理方法比较粗糙，适用于要求不很严格的场合。若需精确计算，尚有严格规则可循，可查阅误差理论的有关内容。

（二）实验结果的图示处理

实验测量的最终结果，有时需要图示处理，从一系列测量数据中求得表明各量之间关系的曲线。利用各种关系曲线表达实验结果的方法属于图示处理方法，这种方法对于研究电网络各参数对其特性（如传输特性等）的影响是十分有用的。

以直角坐标系为例，欲根据 n 对离散的测量数据 $(x_i, y_i)(i=1, 2, 3, \cdots, n)$ 绘制出表明这些数据变化规律的曲线，并不是简单地在坐标图上把所相邻的数据点用直线相连。由于测量数据中总会包含误差，要求所求之曲线通过所有数据点 (x_i, y_i)，无疑会保留一切测量误差，显然这不是我们所希望的。因此，曲线的绘制要求不是保证它必须通过每一数

据点，而是要求寻找出能反映所给数据的一般变化趋势的光滑曲线来，我们称之为"曲线拟合"。

在要求不严格的情况下，通常所用拟合曲线的最简单方法是通过观察，人为地画出一条光滑曲线，使所给数据点均匀地分布于曲线两侧。这种方法的缺点是不精确，不同人画出的曲线可能会有较大差别，如图 I.1-1 中实线和点划线表示的两条曲线差别较大。

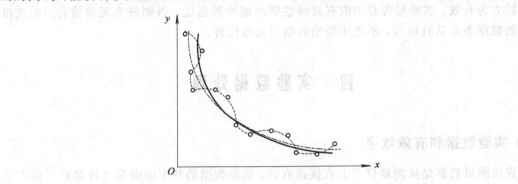

图 I.1-1 观察法拟合曲线

Ⅱ 实验指导书

实验一 万用表使用练习

（一）实验仪器和器材介绍

1. 500 型万用表

500 型万用表是一种用来测量交、直流电压，直流电流，电阻和音频电平的多功能、多量程仪表。500 型万用表的表盘如图Ⅱ.1-1 所示。它有两个"功能/量程"转换开关，每个开关的上方均有一个矢形标志。如欲测量直流电压，应首先旋动右边的"功能/量程"开关，使开关上的符号"$\underset{\sim}{V}$"对准标志位；然后将左边的"功能/量程"开关旋至所需的直流电压量

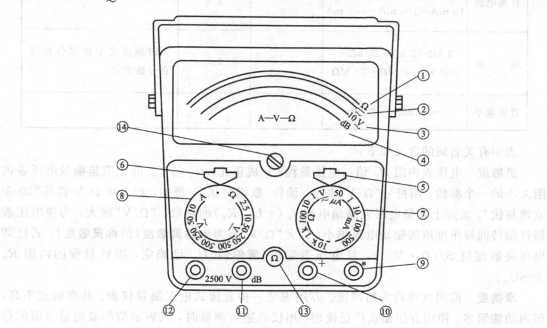

①—欧姆刻度；②—直、交流刻度；③—交流 10 V 专用刻度；④—音频电平（分贝刻度）；⑤、⑥—矢形标志符；⑦、⑧—功能/量程开关；⑨—公共插孔；⑩—通用测量插孔；⑪—音频电平测量插孔；⑫—测高压插孔（直、交流通用）；⑬—欧姆调零旋钮；⑭—机械调零

图Ⅱ.1-1 500 型万用表的表盘

程(有"$\underline{V}$"标志者为直流电压量程)后即可进行测量。利用两个转换开关的不同位置组合，可以实现上述多种测量。

1）主要技术性能

500 型万用表的主要技术性能如表Ⅱ.1-1 所示。

表Ⅱ.1-1　500 型万用表的主要技术性能

测量范围		灵敏度	准确度等级	基本误差表示法
直流电压	0 V～2.5 V～10 V～50 V ～250～500 V	20 000 Ω/V	2.5	以刻度尺工作部分上量限的百分数表示
	2500 V	4000 Ω/V	4.0	
交流电压	0 V～10 V～50 V～250 V ～500 V	4000 Ω/V	5.0	
	2500 V	4000 Ω/V	5.0	
直流电流	0 μA～50 μA～1 mA 10 mA～100 mA～500 mA		2.5	
电　　阻	0 kΩ～2 kΩ～20 kΩ～ 200 kΩ～2 MΩ～20 MΩ		2.5	以刻度尺工作部分长度百分数表示
音频电平	−10 dB～+22 dB			

表中有关名词的含义如下：

灵敏度　电压表内阻 R_V 值与电压量程 U_m 成正比，R_V 与 U_m 的比值是衡量电压表内阻大小的一个参数，用符号"Ω/V"表示，读作"欧姆每伏"，例如，20 000 Ω/V 读作"20 千欧姆每伏"。实际上它是电压表满偏电流 I_m（$=U_m/R_V$）的倒数。"Ω/V"越大，为使电压表指针偏转同样角度所需驱动电流越小，因此"Ω/V"称为**电压灵敏度**（简称**灵敏度**）。若已知电压灵敏度值 $S/(\Omega \cdot V^{-1})$，且电压表量程（满偏值）U_m 已确定，则该量程的内阻 R_V 为 SU_m。

准确度　准确度也称为精确度。万用表是一种直读式电工测量仪表。其准确度不高，但因功能繁多、使用方便而获广泛使用。用仪表进行测量时，仪表示值与被测量真值间存在一定误差。在符合仪器校准试验所规定的基准条件下对仪器测定的误差称为**固有误差**。

国家规定，根据仪表固有误差的大小，直读式电工测量仪表的精确度划分为 7 级，如表Ⅱ.1-2 所示。表中固有误差是以测量仪器的绝对误差与该仪器刻度尺上量限（称量程）之比的百分数来定义的。不同型号或同一型号但工作在不同功能和量程的万用表，其准确度可以不同。各量程的准确度级别均于电表面板或使用说明书上标明。

表 Ⅱ.1－2　直读式电工测量仪表的精确度划分

准确度级别	0.1	0.2	0.5	1.0	1.5	2.5	5.0
固有误差/%	±0.1	±0.2	±0.5	±1.0	±1.5	±2.5	±5.0

音频电平　音频电平是一种用来表示功率或电压相对大小的参数，单位是 dB(分贝)。首先指定某一功率 P_0 或电压 U_0 作为基准(称零电平基准)，被测功率 P_x 或电压 U_x 的电平值 N 定义为

$$N = 10 \lg \frac{P_x}{P_0} = 10 \lg \frac{U_x^2/R}{U_0^2/R} = 20 \lg \frac{U_x}{U_0} \quad \text{dB}$$

当 $P_x > P_0$ 或 $U_x > U_0$ 时，N 为正值，反之为负值。

工程上通常规定在 $600\ \Omega$ 电阻上消耗 $1\ mW$ 的功率为零电平基准。由此可以推算出对应的基准电压值 $U_0 = \sqrt{P_0 \cdot 600} = 0.775\ V$。由此可知，万用表上分贝(dB)刻度的 0 dB 对应交流刻度的 0.775 V 处。若已知电平 N 值，则可用下式换算出电压 U_x 的值为

$$U_x = 0.775 \cdot 10^{\frac{N}{20}} \quad V$$

在电平刻度上，N 值为 -10 dB$\sim +22$ dB，实际对应的 U_x 值为(0.24～9.76) V，相当于交流 10 V 量程。当被测电平值大于 $+22$ dB 时，应将万用表置于交流电压 50 V 或 250 V 挡进行测量，但应注意，在 50 V 挡测量时，N 值应是分贝刻度上读到的值加 14 dB。同样，在 250 V 挡测量时，应加 28 dB。

2) 万用表使用方法及注意事项

(1) 测量前应将面板上两个"功能/量程"开关旋至所需位置。量程的选择以能使表头指针在所选量程之内有最大偏转角为佳。操作上可先选较大量程挡，当指针偏转角太小时可以将量程开关旋向小量程挡，直至指针偏转角较大时为止。

(2) 不同功能和量程所用的表盘刻度尺不同，读取数据时要注意认清，防止出错。尤其在实验时要注意，在用直流电压 10 V 量程挡时，不要去读交流电压 10 V 挡专用刻度尺(10 Ⅴ)，以免读错数据。

(3) 测电流时，万用表作为电流表使用，应串接于被测支路，若测直流电流，应使电流实际方向从直流电流表"＋"(正极)流入。测电压时万用表当作电压表使用，应并接于被测支路，若测直流电压，应使直流电压表正极接实际高电位端。绝对禁止用万用表的电流挡去测电压(测量前一定要认清挡位)。

(4) 测电阻时，应先将"功能/量程"开关预置适当挡位(由待测电阻大约值确定)，原则是指针应接近刻度尺中间位置。如果指针接近 ∞ 处，则应将量程开关旋至量程较大的挡位，反之，如指针接近 0 位，则应旋至量程较小的挡位。在读数以前，应进行"Ω 调零"，方法是左手将两表笔短路，右手调节"Ω 调零"电位器，使指针指在 0 Ω 上。最后将被测电阻接入两表笔间，读取电表指针指示数 R，则待测电阻阻值为 $R\times$ 量程值。

测电阻时不允许被测电阻带电。测大阻值电阻时不要将双手接触被测电阻两端(人体两手间有几十到几百千欧的电阻会并联到被测电阻两端，引起读数不准)。

(5) 万用表使用完毕，应将"功能/量程"开关旋至"·"位或置电压最大量程挡。

2. JWY—30C 型直流稳压电源

JWY—30C 型稳压电源是一种高稳定度晶体管直流稳压电源。其面板如图Ⅱ.1－2 所示。该电源有两路独立输出，每路均有一只电表指示输出电压或输出电流，由"电压/电流"按钮开关确定何种指示。当输出过载或者短路时，该电源能自动保护，停止输出。当外电路故障排除，需重新启动稳压电源时，只需按一下"复原"开关即可。

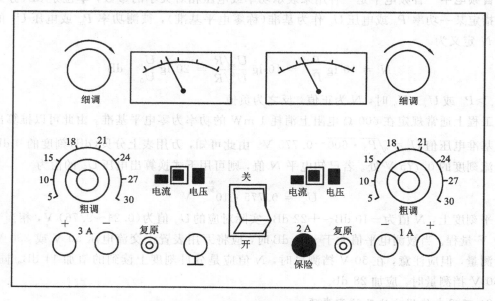

图Ⅱ.1－2　JWY—30C 型直流稳压电源的面板

1）技术指标

（1）输入交流电源为 220 V、50 Hz，允许电源电压变化范围为±10%。

（2）输出电压。两路输出电压均为（0～30）V，分挡连续可调。

（3）输出电流。左边一路额定输出电流为 3 A，右边一路额定输出电流为 1 A。

（4）电压稳定度不大于 3×10^{-4}。

（5）波纹电压不大于 1 mV。

（6）直流内阻不大于 5 mΩ。

2）使用方法和注意事项

（1）将位于面板上两只电表中间的"电压/电流"按钮开关置"电压"位，此时电表为电压表功能。打开电源开关，调节"粗调"开关和"细调"旋钮（注意左边的开关、旋钮调节的是左边一路电源的电压，右边的开关、旋钮调节的是右边一路电源的电压）使电压至所需值。需要说明的是，面板上的电表准确度较差，在做实验时，电源输出电压值要用万用表电压挡来测定。

（2）稳压电源有过流保护功能，即输出电流超过额定值时，电子开关会将输出电压切断，此时电表指示零电压。因此，在调节输出电压或在实验过程中，如发现无输出电压，应首先检查实验线路有无短路，并加以排除。然后按下面板上的"复原"开关，使稳压电源恢复正常工作状态。

（3）左、右两路输出电压彼此独立。使用者可任意选择它们中的一个极（左、右两路均可任选一个）作为参考地。

3. 插接式实验板

插接式实验板如图Ⅱ.1-3所示。实验板上半部装有若干个插孔组，每组插孔数不等（有2孔、3孔和4孔三种），彼此用导线相连，形成一个"节点"。实验板的下半部装有5个实验用的电位器、晶体管等元件，元件的每一条引线均接有一个插孔。做实验所需的R、L、C等元件均焊接在专用的元件架上。每个元件架有两个插头，上面焊接一个元件。元件架可任意插于相邻"节点"的两个相距最近的插孔上，相当于在这两个节点之间接入一个元件。利用元件架的不同插接位置、外接仪表、实验板上提供的元件和带插头的导线，可以组成各种所需的实验线路（如图中AB端接有R_1与R_2串联电路），使用灵活方便。

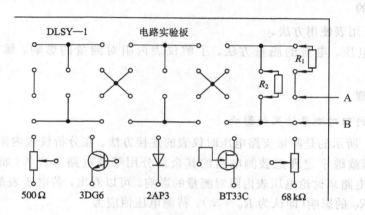

图Ⅱ.1-3 插接式实验板

（二）实验指导

1. 课前预习

（1）已知电路如图Ⅱ.1-4所示。

① 计算图中各电阻元件上的电压值，并将计算结果作为理论值填入表Ⅱ.1-3中（注意另外用纸把表画好再填入，此表在正式实验时就作为原始数据记录表。下面提到的数据表均同此法处理）。

② 在图Ⅱ.1-3所示的插接式实验板图上，画出实验连线图。

（2）已知电路如图Ⅱ.1-5所示。

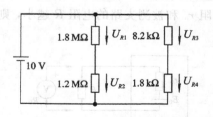

图Ⅱ.1-4 电压测量实验电路

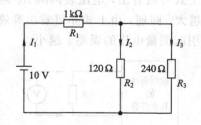

图Ⅱ.1-5 电流测量实验电路

① 计算各支路电流 I_1、I_2 和 I_3，并将计算结果作为理论值填入表Ⅱ.1－4 和表Ⅱ.1－5。

② 在插接式实验板图上画出实验连线图。

(3) 已知电路如图Ⅱ.1－6 所示。

① 计算各节点间的等效电阻值，并将计算结果作为理论值填入表Ⅱ.1－6 中。

② 在插接式实验板图上画出实验连线图。

(4) 阅读 500 型万用表及 JWY－30C 型直流稳压电源的有关说明(详见本实验的"(一)实验仪器和器材介绍")。

图Ⅱ.1－6　电阻测量实验电路

(5) 阅读本指导书，了解本次实验内容、原理、方法及实验步骤。

2. 实验目的

(1) 学习万用表使用方法。

(2) 学习电压、电流的测量方法。了解仪表内阻对测量的影响。练习用欧姆表测量电阻。

3. 实验原理

1) 电压表内阻对测量结果的影响

图Ⅱ.1－7 所示的是测量支路电压时仪表的连接方法。在分析仪表内阻对被测电路的影响时，可依据戴维宁定理把被测电路的其余部分用等效电路来代替(如图Ⅱ.1－8 所示)。下面就此电路来讨论电压表内阻对测量的影响。可以看出，若电压表是理想的，即不计电压表内阻 R_V 的影响(即认为 $R_V = \infty$)，待测电压值应为

$$U_R = \frac{R}{r_0 + R} E_0$$

若电压表内阻 $R_V \neq \infty$，它与电阻 R 并联。受其影响，R 上电压变为

$$U_R' = \frac{\dfrac{R_V R}{R_V + R}}{r_0 + \dfrac{R_V R}{R_V + R}} E_0$$

电阻 R_V 引起的测量误差为

$$\varepsilon = \frac{U_R - U_R'}{U_R} = \frac{1}{1 + R_V\left(\dfrac{1}{r_0} + \dfrac{1}{R}\right)} \times 100\%$$

从上式可以看出，电压表内阻 R_V 越大，ε 值越小，引起的误差越小。反之，R_V 越小，误差 ε 越大。同理，由上式亦可看出等效电压源内阻 r_0 和被测支路的电阻 R 越小，则电压表内阻引起测量电压的误差 ε 越小。

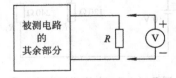

图Ⅱ.1－7　测量支路电压时的仪表连接法

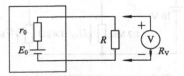

图Ⅱ.1－8　被测电路的等效电路

2）间接法测电流

用电流表测某支路的电流，需要将电流表串接到该支路中去，操作上很不方便。如果是测量印刷电路板上某支路电流，操作更麻烦。同时，电流表内阻较小，一旦接错线路，容易烧坏表头。在晶体管电子线路中，电流通常是毫安级的。毫安级电流表的内阻约为几十到几百欧姆，几乎与晶体管电子线路各支路的电阻值相等，因而会引起较大的测量误差。

如果被测支路中有一个已知电阻，我们就可以用电压表测量该电阻上的电压，再换算为该支路上的电流数值。设支路电阻值为 R，测得该电阻上的电压为 U，则由欧姆定律得该支路的电流 $I = U/R$。这种用电压表来测量电流的方法称为间接法测电流。

间接法测电流由于经过一次电压到电流的传递（换算），会引入附加误差。但因其便于操作，可以避免上述用电流表测量时存在的问题，因而常在实际工作中应用。

4. 实验内容及步骤

1）直流电压的测量

（1）按图Ⅱ.1-4在插接式实验板上连好实验线路。其中 10 V 电压由稳压电源提供。注意要用万用表直流电压 10 V 挡电压表检测稳压电源输出的 10 V 电压是否正确。

（2）用直流 10 V 挡电压表测量各电阻上的电压，并作为测量值记入表Ⅱ.1-3 中，注意在电压表上读数时，必须读直流电压标尺刻度，不能读交流 10 V 的标尺刻度。

表Ⅱ.1-3　电压测量数据表

量　　　　数值 电压	U_{R1}	U_{R2}	U_{R3}	U_{R4}
测量值/V				
理论值/V				
相对误差/%				

2）间接法测直流电流

（1）按图Ⅱ.1-5在插接式实验板上连接实验线路。

（2）用电压表测各支路已知电阻上的电压，将值记入表Ⅱ.1-4 中，并运用欧姆定律将电压换算出电流测量值。

表Ⅱ.1-4　间接法测电流数据表

支路电阻 R_n/Ω	R_1	R_2	R_3
	1000	120	240
R_n 上电压 U/V			
$I_n = \dfrac{U}{R_n}/mA$	I_1	I_2	I_3
I_n 理论值/mA			
相对误差/%			

3）用电流表测直流电流

（1）实验电路与间接法测直流电流的相同。

（2）用直流电流 10 mA 和 1 mA 挡分别串入各支路，测量各支路电流，将测量值记入表Ⅱ.1－5。注意用电流表测量时一定要细心。操作上应先断开稳压电源，再将电流表串联接入被测支路，且使电流实际方向从直流电流表"＋"极流入，再次检查确认接线无误后接通电源并读数。电流表使用完毕后，一定要将"功能/量程"开关旋至"·"位。

表Ⅱ.1－5 电流表测电流数据表

支路电流 I_n	I_1	I_2	I_3
测量值/mA			
理论值/mA			
相对误差/%			

4）用欧姆表测电阻

（1）按图Ⅱ.1－6在插接式实验板上连接线路(注意本实验无稳压电源接入线路)。

表Ⅱ.1－6 电阻测量数据表

电阻 数值 量值	R_{ab}	R_{bc}	R_{cd}	R_{bd}
测量值/kΩ				
计算值/kΩ				
相对误差/%				

（2）用欧姆表×100 Ω挡测量各节点间等效电阻并记入表Ⅱ.1－6。注意测电阻值前要先进行"Ω调零"。每次转换量程均要"Ω调零"。

5. 讨论题

（1）在测图Ⅱ.1－4电路各电阻上的电压时，用 10 V 量程电压表和 50 V 量程电压表去测量，结果是否一样？为什么？

（2）总结间接法测电流和电流表测电流两者的优缺点。

实验二 万用表的组装与校验

（一）实验仪器和器材介绍

本实验所用仪器和器材与实验一相同，可参见实验一的介绍。

（二）实验指导

1. 课前预习

（1）了解万用表测量电流、电压及电阻的原理及其电路组成。

（2）设计万用表线路，计算各元件值。

① 万用表总体线路如图Ⅱ.2-1所示。试分别画出它的测量电流电路、测量电压电路以及测量电阻（即欧姆表）电路。

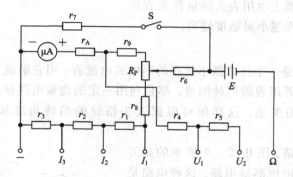

图Ⅱ.2-1 万用表总体线路图

② 图Ⅱ.2-1中，微安表满偏电流 $I_0=200\ \mu A$，内阻 $r_A=900\ \Omega$。其支路总电阻 $R_A=r_A+r_9+R_P+r_8=3600\ \Omega$。电流表量程共 3 挡：1/10/100 mA。电压表量程共 2 挡：10/20 V。欧姆表量程共 2 挡，中值电阻分别为 10 kΩ 和 1 kΩ，电池 $E=3$ V。欧姆表满偏电流（即流过 r_6 的电流）为 300 μA（此时 R_P 的滑动触点位于中间位置，$R_P=500\ \Omega$）。试计算图中各未知元件值。要求写出计算过程。

（3）制定组装万用表及其检验方案。

① 画出电流表三量程和电压表二量程在插接式实验板上的复合连线图。

② 画出欧姆表二量程在插接式实验板上的连线图。注意在画此图时，开关 S 可不用，因为实验时，r_7 插上即开关 S 闭合，r_7 拔去即开关 S 打开。电池 E 由稳压电源提供。

③ 制定对组装表的检验方案（如方法、实验线路和操作步骤等）。

2. 实验目的

了解万用表原理及设计、校验方法。

3. 实验原理

所有万用表均由测量机构（表头）、测量电路和转换开关组成。表头用以指示被测量的数值，测量电路是用来把各种被测量转换成适合表头测量的直流微小电流，转换开关实现对不同测量电路的选择，以适应各种测量的要求。

1）测量机构

万用表的测量机构一般采用高灵敏度磁电式表头。它利用载流线圈在永久磁铁磁场中受力的效应使表头指针产生偏转。指针偏转角度 α 与流过表头（即线圈）的电流 I 的关系为

$$\alpha = SI \tag{2-1}$$

式中，S 称为表头灵敏度，表示单位电流引起指针偏转的角度。使不同大小的标准电流流

— 15 —

过表头，指针将产生不同的偏转角，据此可把表盘加以"刻度"。由于 α 与 I 成正比例，此种刻度是均匀分布的，如图Ⅱ.2-2所示。表盘最大刻度对应的电流值是使指针产生最大偏转的"满偏电流"，也称为表头的量程。磁电式表头的量程一般从几十微安到数毫安，有多种规格。由式(2-1)知，当最大偏转角给定时，满偏电流与灵敏度成反比，所以习惯上也用表头的量程来表示表头的灵敏度，即量程越小灵敏度越高。

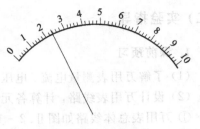

图Ⅱ.2-2　表盘刻度

2）测量电路

磁电式表头仅仅是一个具有微小量程的磁电式电流表，用它组成万用表时必须配合以各种电路。不论使用万用表做何种测量，都是利用一定的测量电路使流过表头的电流与被测量值间建立一定的关系，这样便可根据表头指针的偏转角度从刻度盘上读出被测的量值。

（1）直流测量电路。图Ⅱ.2-3所示的是万用表通常采用的直流电流测量电路。这种电路是环形分流电路。r_1、r_2、r_3 是分流电阻，共有 3 个量程：$I_3 > I_2 > I_1$，S 为量程开关。假设表头满偏电流为 I_0，内阻为 r_A。图中符号 $R_1 = r_1 + r_2 + r_3$，$R_2 = r_2 + r_3$，$R_3 = r_3$，R 为表头支路的串接电阻，$R_A = r_A + R$。

当开关 S 位于"I_1"量程位置时，由欧姆定律，显然有 $R_1(I_1 - I_0) = R_A I_0$，解得

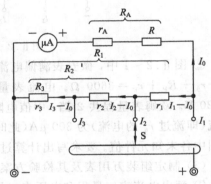

图Ⅱ.2-3　直流电流测量电路

$$r_1 + r_2 + r_3 = R_1 = \frac{R_A}{\dfrac{I_1}{I_0} - 1} \qquad (2-2)$$

同理，当 S 位于"I_2"、"I_3"量程时，可分别计算得到

$$r_2 + r_3 = R_2 = \frac{R_A + r_1}{\dfrac{I_2}{I_0} - 1} \qquad (2-3)$$

$$r_3 = R_3 = \frac{R_A + r_1 + r_2}{\dfrac{I_3}{I_0} - 1} \qquad (2-4)$$

若 I_0、R_A、I_1、I_2、I_3 各量已知，则由式(2-2)可求出 $(r_1 + r_2 + r_3)$；将式(2-3)两端同加 r_1 解得 r_1，再代入式(2-3)解得 $(r_2 + r_3)$；再将式(2-4)两端同加 r_2，并将 r_1 代入式(2-4)解得 r_2，最后应用 $(r_1 + r_2 + r_3) - r_1 - r_2$ 得 r_3。

（2）直流电压测量电路。图Ⅱ.2-4所示的是测量直流电压的原理电路，共有 3 个量程：$U_3 > U_2 > U_1$，可用开关转换。测量指示部分不是直接使用磁电式表头，而是用最小量程的电流测量电路，如图Ⅱ.2-4中虚线方框所示，其量程为 I_V，等效内阻为 R_e。两端电压为 $R_e I_V$。图中 R_1、R_2、R_3 称为倍压电阻，由 $U_1 = R_1 I_V + R_e I_V$ 解得 R_1，由 $U_2 = R_2 I_V +$

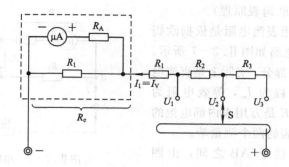

图Ⅱ.2-4 直流电压测量电路

U_1 解得 R_2，由 $U_3 = R_3 I_v + U_2$ 解得 R_3。归纳总结计算倍压电阻的公式为

$$\begin{cases} R_1 = (U_1/I_v) - R_e \\ R_2 = (U_2 - U_1)/I_v \\ R_3 = (U_3 - U_2)/I_v \end{cases} \qquad (2-5)$$

电压测量中常需估计电压表内阻，而电压表内阻既与电压量程有关，也与表头灵敏度有关。量程一定时表头越灵敏内阻就越高。通常把内阻 R_v 与量程 U 之比定义为电压表的"欧姆每伏（Ω/V）数"，用以表征电压表的这种特性。"Ω/V 数"即是表头满偏电流之倒数（对于图Ⅱ.2-4 的电路应为 $1/I_v$），"Ω/V 数"越大，为使指针偏转同样角度所需的驱动电流越小，故"Ω/V 数"也称为电压灵敏度。"Ω/V 数"简称"Ω/V"。

"Ω/V"通常标明于万用表的表盘上，可借以推算不同量程时电压表的内阻。例如某万用表测直流电压时为 20 kΩ/V，则知其 10 V 量程内阻 $R_v = 200$ kΩ。当然，还可推算出该万用表所用表头的满偏电流为 50 μA。

（3）交流电压测量电路。测量交流电压的原理（方法）与测量直流电压的原理（方法）基本相同，只是在测量电路中附加一整流电路，把交流电压变换为"直流"后再加到表头上。

图Ⅱ.2-5 所示的是万用表测量交流电压的原理电路，图中采用的是半波整流电路，交流电正半周时，电流实际方向如实线箭头所示，负半周时电流实际方向如虚线箭头所示。

万用表中还常用桥式全波整流电路，其原理如图Ⅱ.2-6 所示。

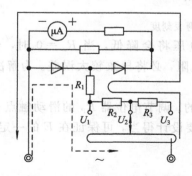

图Ⅱ.2-5 交流电压测量电路

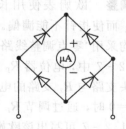

图Ⅱ.2-6 桥式全波整流电路

（4）测电阻电路（欧姆表原理）。

欧姆表原理 万用表测电阻是依据欧姆定律的原理，其测量电路如图Ⅱ.2-7所示。图中 cd 间为测量指示部分，实际上是直流电流测量电路。设其量程为 I_m，等效电阻为 R_{cd}；R_4 是限流电阻；E 是万用表内部电池的电压；A 和 B 是万用表的两个测量端。

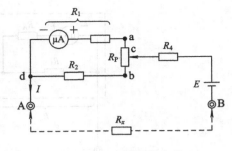

图Ⅱ.2-7 电阻测量电路

设被测电阻 R_x 接于 AB 之间，由图Ⅱ.2-7 得主回路电流为

$$I = \frac{E}{R_4 + R_{cd} + R_x} \tag{2-6}$$

限流电阻 R_4 的选择原则是当 $R_x = 0$（AB 间短路）时使电流表指针满偏，此时

$$I = \frac{E}{R_4 + R_{cd}} = \frac{E}{R_T} = I_m \tag{2-7}$$

式中，$R_T = R_4 + R_{cd}$，为欧姆表内阻。引用上述关系，式（2-6）可改写为

$$I = \frac{E}{R_T + R_x} = \frac{I_m}{1 + \dfrac{R_x}{R_T}} \tag{2-8}$$

可见，$R_x \neq 0$ 时，$I < I_m$，且对应每一个 R_x 值，主回路电流就有一确定值，表头指针也有相应的偏转角。若由式（2-8）求出一系列对应于不同 R_x 的电流，并在表头刻度盘的各电流刻度上标以相应的欧姆值，就得到了图Ⅱ.2-8 所示的欧姆刻度，这样测量时就可根据电流表指针的指示直接读出被测电阻值 R_x。

当 $R_x = R_T$ 时，主回路电流 $I = I_m/2$，欧姆表指针恰指中央位置，故内阻 R_T 也称为中值电阻。

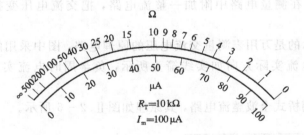

图Ⅱ.2-8 欧姆表刻度

零点调整 欧姆表使用长久后，电池端电压将会降低，当 $R_x = 0$ 时，会因 $I = E/R_T < I_m$ 而使指针不能满偏。仍用它去测量电阻，必将导致较大误差。为解决此问题，欧姆表中均采用"零点调整线路"。

图Ⅱ.2-7 中，电位器 R_P 是用来调整零点的。调节电位器 R_P 的滑动触点 c 的位置，可改变表头支路与 R_2 支路的电流分配关系。只要设计得当，可保证在 E 的一定变化范围内，当 $R_x = 0$ 时，通过调节 R_P 均可使指针指零。

由图Ⅱ.2-7 可写出该欧姆表的中值电阻为

$$R_T = R_4 + R_{cd} = R_4 + \frac{(R_1 + R_{ac})(R_2 + R_{bc})}{R_1 + R_2 + R_P} \qquad (2-9)$$

显然，点 c 位置的变动改变了表头与 R_2 两支路并联总阻值 R_{cd}（即上式等号右端第二项），亦即改变了中值电阻 R_T 值而使测量不准。但式(2-9)中 R_{ac} 增大时，R_{bc} 减小，R_{ac} 减小时，R_{bc} 增大，所以 R_{cd} 变化很小。通常选择 R_4 阻值较大而 R_1、R_2 及 R_P 均较小，即 $R_{cd} \ll R_4$，这样可将 R_T 的变动限制在较小范围，以保证欧姆表的误差不致过大。

多量程欧姆表　欧姆表的刻度包含了 $0 \sim \infty$ 的全部电阻数值，但是当被测电阻阻值很大或者很小时，因读数不易分辨，将导致大的测量误差。事实上，只有在相当于($1/5 \sim 5$)倍中值电阻的阻值范围内，才能保证一定的测量准确度。就是说，欧姆表也有改变其"有效量程"的必要。而欧姆表量程的改变是通过改变其中值电阻来实现的。

图 Ⅱ.2-9 所示的是多量程欧姆表的线路，通过联动开关(共有两组触点，用虚线连接表示它们联动)可以变换量程。例如图中所示开关位于"×1 k"位置，此时线路的中值电阻为 10 kΩ，即表盘中央刻度线"10"(如图 Ⅱ.2-8 所示)代表阻值应为 10×1 kΩ。若开关置×100 位置，可以看出在表头负端和电池正极间并接了电阻 R_7，使中值电阻减小为原来的 1/10，为 1 kΩ。此时表盘中央刻度所代表的欧姆数也减小为原来的 1/10，读数应为 10×100 Ω。同样，开关在×10、×1 位置时，中值电阻均递减小为原来的 1/10，刻度代表的欧姆数也作相应变化。当开关置×10 k 位置时，线路串入电阻 R_8，使中值电阻提高至 100 kΩ

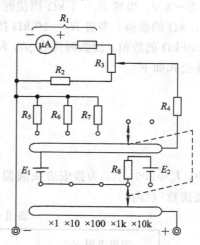

图 Ⅱ.2-9　多量程欧姆表

刻度所代表的欧姆数应是"刻度×10 k"。要注意的是因内阻加大，为使欧姆表能正常工作，于测量线路中再串入电池 E_2。

4. 实验内容与步骤

1) 组装万用表

本实验所用元件多数为插件式，按之前画好的连线图，将各元件插在实验板上适当位置。先组装电流表和电压表，待测试完后再组装欧姆表，并进行欧姆表的测试。

2) 校验电流表量程

按图 Ⅱ.2-10 连接电路，其中标准表用万用表代替[*]，R_1 用电阻箱，起保护作用；根据被校表量程选取适当的数值，使电源 E 在($0 \sim 6$) V 范围变化时，被校表刚能满偏。实验时注意电源 E 应由小到大，逐渐升高 E 值，使被校表达到满偏。然后在被校表量程范围内，等间隔地选 5 个

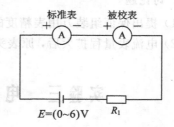

图 Ⅱ.2-10　检验电流表量程电路

---

[*] 按正规要求，标准表的精度应比被校表的精度高 2～3 个精度等级。本实验是用普通万用表 1 mA 量程挡来代替高精度的标准电流表的。

点进行测试。将测试数据记入表Ⅱ.2-1中。

3）校验电压表量程

被校表与标准表并联后，接于稳压电源输出端。调节电源电压，比较两个表的读数。要求在量程范围内，等间隔地选 5 个测试点。数据表如表Ⅱ.2-1所示。

表Ⅱ.2-1　测量数据记录

量　　程					
被 校 值					
标 准 值					
误差/%					

4）**校验欧姆表**

组装好欧姆表后，以电阻箱为标准电阻，用所组装的欧姆表测量标准电阻的阻值，检查组装欧姆表读数是否正确。欧姆表使用前应注意调零。组装欧姆表内部电源用稳压电源，$E=3$ V。当置 $R_T=1$ kΩ 挡位时，测试电阻箱分别取值为 200 Ω、500 Ω、1 kΩ、5 kΩ 和 10 kΩ 的数值；当置 $R_T=10$ kΩ 挡位时，电阻箱分别取值为 2 kΩ、5 kΩ、10 kΩ、50 kΩ 和 100 kΩ 的数值。读数时先在 μA 表头上读出电流值，然后根据电流读数计算出 R_x 数值。计算公式如下

$$I = \frac{I_0}{1 + \dfrac{R_x}{R_T}} \tag{2-10}$$

$$R_x = \frac{I_0 - I}{I} R_T \tag{2-11}$$

式中，$I_0=200$ μA，为微安表头满偏值。用式(2-11)计算出来的 R_x 值记入表Ⅱ.2-2"欧姆表读数"栏内。

表Ⅱ.2-2　测量数据记录

中值电阻 R_T					
电阻箱读数 R					
表头电流读数 I					
欧姆表读数					
误差/%					

5. 讨论题

(1) 提出保证组装万用表精度的措施。

(2) 电流表量程扩大后，原表头内允许通过的最大电流是否发生变化？

实验三　电压源外特性与戴维宁定理

（一）实验仪器和器材介绍

本实验所用仪器和器材与实验一相同，可参见实验一的介绍。

（二）实验指导

1. 课前预习

（1）计算图Ⅱ.3-5所示网络 A 的戴维宁等效电路参数 U_0 和 R_i。

（2）画出图Ⅱ.3-5所示线路在插接式实验板上的连接图。

（3）阅读本实验指导书，了解实验内容和步骤。了解等效电压源参数的测量方法。

2. 实验目的

（1）掌握电压源外特性测试方法，了解电源内阻对电源输出特性的影响。

（2）验证戴维宁定理，学习用实验方法测量等效电压源的参数。

3. 实验原理

1）电压源外特性

电压源外特性也称伏安特性，是对电源输出端电压/伏和电流/安之间关系的描述。

电压源的等效电路如图Ⅱ.3-1(a)所示，由恒压电源 E 和内阻 R_i 串联组成，它的端电压随输出电流的变化而变化，有

$$U = E - R_i I \qquad (3-1)$$

其伏安特性（外特性）如图Ⅱ.3-1(b)所示。对于理想电压源，$R_i = 0$，端电压 $U \equiv E$ 不随输出电流 I 变化，如曲线①所示。实际的电压源 $R_i \neq 0$，输出电压随电流增加而下降，如曲线②所示。内阻不同，曲线下降的速率也不同。内阻越小，电压源外特性越趋理想，故内阻大小成为衡量电压源特性的重要指标之一。在工程上，内阻的大小是相对负载值而言的，若负载电阻 $R_L \gg R_i$，则近似认为 $R_i = 0$，电压源是理想的，否则认为 $R_i \neq 0$ 的电压源不是理想的。目前，电子稳压电源的内阻可达毫欧数量级。外特性曲线斜率的绝对值就是内阻 R_i。

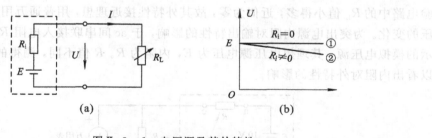

图Ⅱ.3-1　电压源及其外特性

2）戴维宁定理

任何一个包含独立电源或非独立电源的线性单口网络，都可以等效为一个电压源，如图Ⅱ.3-2所示。其理想电压源 U_0 为网络 ab 端的开路电压，内阻 R_i 是在使网络中所有独立电源为零（把独立电压源 E 短路、独立电流源 J 断开）而保留非独立电源的情况下，自 ab 端向网络看进去的等效电阻。

等效电源的 R_i 和 U_0 可以计算得出，也可由实验测得。测量方法如下：

（1）用高内阻（相对于等效电源内阻而言）电压表可直接测量 ab 端开路电压 U_{ab}，则 U_0 等于 U_{ab}，然后用低内阻电流表测量 ab 端短路电流 I_0，则内阻 $R_i = U_0/I_0$。

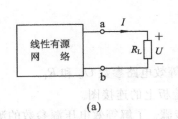 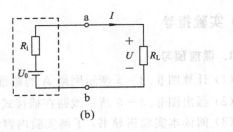

(a)   (b)

图Ⅱ.3-2 线性有源网络等效为电压源

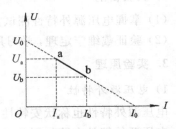

（2）如果线性网络不允许 ab 端开路或短路时，可以测量外特性曲线（在 ab 端不开路也不短路的情况下测量），则外特性曲线的延伸线在纵坐标（电压坐标）上的截距就是 U_0，在横坐标（电流坐标）上的截距就是 I_0，而 $R_i = U_0/I_0$，如图Ⅱ.3-3 所示。实际上只要知道外特性曲线上的任意两点的坐标参数，就可以计算出 U_0 和 R_i，计算公式如下：

图Ⅱ.3-3 线性有源网络外特性

设图Ⅱ.3-3 中外特性曲线上两点 a、b 的坐标分别为 $(U_a，I_a)$ 和 $(U_b，I_b)$，则

$$R_i = \left| \frac{\Delta U}{\Delta I} \right| = \frac{U_a - U_b}{I_b - I_a} \tag{3-2}$$

$$U_0 = U_a + I_a R_i = U_b + I_b R_i \tag{3-3}$$

4. 实验内容与步骤

1）测量电压源外特性

测量方案如图Ⅱ.3-4 所示，E 由稳压电源提供。因稳压电源内阻很小（毫欧级），比实验电路中的 R_L 值小得多，近似为零，故其外特性接近理想，用普通万用表难以分辨输出电压的变化。为突出电源内阻对输出特性的影响，于 ac 间串联接入电阻 R，组成虚线方框所示的模拟电压源，其理想电压源电压为 E，内阻为 R。R 值不同，测得的外特性也不同，可以看出内阻对外特性的影响。

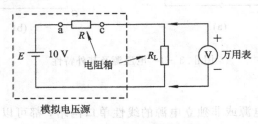

模拟电压源

图Ⅱ.3-4 电压源外特性的测量

（1）以万用表作为指示，调节稳压电源，使其开路电压 $E = 10$ V，然后按图Ⅱ.3-4 连接线路。注意图中的 R 和 R_L 均为电阻箱，只要用导线将稳压电源和两个电阻箱连成闭合回路即可。本实验的数据是否正确，关键在于：

① 稳压电源输出的 10 V 电压，一定要用万用表直流电压 10 <u>V</u> 挡认真测定正确无误。

② 不要读错电压表刻度尺，不要将交流 10 <u>V</u> 挡的刻度尺当作为直流 10 <u>V</u> 挡的刻度

尺来读数。

（2）令 $R=0$，按表Ⅱ.3-1所列数据从 5 kΩ 开始依次改变 R_L 值，测量并记录 R_L 上的电压 U。表Ⅱ.3-1中电流 I 值是间接测量值，$I=U/R_L$。

表Ⅱ.3-1　电压源特性测量数据表

R/Ω	测量值	$R_L/\mathrm{k\Omega}$ 5.000	4.000	3.000	2.000	1.000
0	U/V					
	I/mA					
150	U/V					
	I/mA					
680	U/V					
	I/mA					

（3）令 R 分别等于 150 Ω 和 680 Ω，测量 U 和 I 值。

2）验证戴维宁定理

（1）测量只含独立电源的线性网络外特性。按图Ⅱ.3-5在插接式实验板上连接实验电路，$E=10$ V 由直流稳压电源提供。按表Ⅱ.3-2所列数据改变 R_L 值，用万用表直流电压 10 V挡测量 R_L 两端电压，测量数据记入表Ⅱ.3-2中。根据数据表中的数据画曲线，并与上面实验测量到的直流电压源外特性曲线进行比较，两者形式上是否相同，以证明有源线性网络可以看成是电压源。

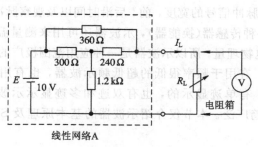

图Ⅱ.3-5　网络 A

（2）戴维宁等效电路的验证。根据图Ⅱ.3-5网络 A 的戴维宁等效电路参数 U_0 和 R_i 理论计算值（U_0 和 R_i 应在预习时进行计算），组成网络 A 的戴维宁等效电路，如图Ⅱ.3-6所示。图中 U_0 用直流稳压电源，注意将稳压电源输出电压调至已计算好的 U_0 值。R_i 用电阻箱，调至已计算好的 R_i 值。R_L 也用电阻箱，按表Ⅱ.3-2给定的值改变 R_L 值，用万用表测量 R_L 两端电压，记入表Ⅱ.3-2内（注意表

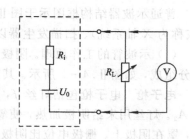

图Ⅱ.3-6　网络 A 的等效电路

Ⅱ.3-2已在上一个实验中用过，本实验应另画一张表Ⅱ.3-2)。根据表内的数据画曲线，并与上一个实验网络A的曲线加以比较(为了便于比较，两条曲线可画在同一坐标平面上，但应用虚、实线将两条曲线区分开来)，并得出结论。

表Ⅱ.3-2 验证戴维宁定理实验数据表

R_L/Ω	1000	800	600	400	200	100
U/V						
$I_L = (U/R_L)/mA$						

5. 讨论题

(1) 一电压源，其 U_0 和 R_i 均未知。试利用负载电阻 R_L 等于等效电源内阻 R_i 时，电源电压平均分配在 R_i 和 R_L 上的规律，提出测量 R_i 的方案。

(2) 测量有源线性二端网络的开路电压 U_0 和短路电流 I_0，由 $R_i = U_0/I_0$ 计算 R_i 的方法，有什么使用条件？

实 验 四　示 波 器 使 用 练 习

(一) 实验仪器和器材介绍

1. SR-071B 型双踪示波器

示波器是一种具有多种用途的电信号特性测试仪。可用它观察电信号波形，测试其幅度、周期、频率和相位。测量脉冲信号的宽度，前、后沿时间以及观察脉冲信号的上冲、下冲、阻尼振荡等现象。若配合各种传感器(换能器)，示波器还可用来测量温度、压力、张力、振动、速度和加速度等各种非电物理量。所以示波器是一种应用范围极广的电子测量仪器。

示波器的种类很多。有用于频率很低的超低频示波器，也有用于频率极高、响应速度极快的高速采样示波器。有单迹显示的，也有双迹和多迹显示示波器。当前，配有电脑的智能示波器的应用也日趋广泛。本节仅介绍示波器的基本原理及 SR-071B 型双踪示波器的使用方法。

1) 示波器原理简介

普通示波器结构框图示于图Ⅱ.4-1。它由示波管、Y 通道(或称为 Y 轴系统)、X 通道(或称为 X 轴系统)、扫描发生器以及高、低压供电电源几部分组成。

(1) 示波管的工作原理。阴极射线示波管(简称 CRT)由电子枪、荧光屏和偏转板三大部分组成，如图Ⅱ.4-2 所示。其工作原理分别简述如下。

电子枪　电子枪包括灯丝 f，阴极 K，控制栅极 G，加速极 M，第一阳级 A_1 和第二阳极 A_2。灯丝用来给阴极加热，使氧化物阴极产生热电子发射。控制栅做成圆筒形，顶部开孔，罩在阴极上。栅极电位比阴极低，对电子起排斥作用。改变栅极电位可以控制穿过栅极小孔的电子流密度，从而达到调节荧光屏上光迹亮度的目的，K、G、M 和 A_1 构成第一"电子透镜"。使穿过 G 小孔的电子受 M 加速的同时又向中央"聚焦"成电子束射向荧光屏。

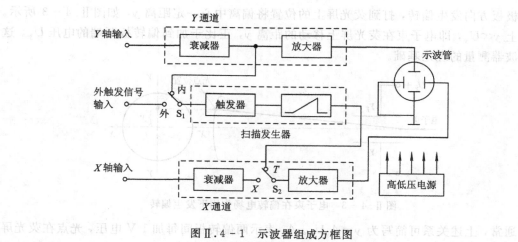

图Ⅱ.4-1 示波器组成方框图

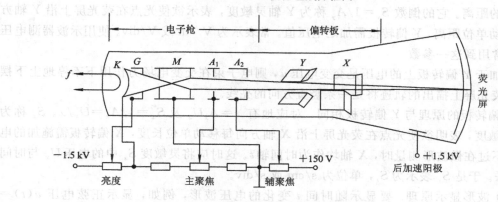

图Ⅱ.4-2 示波管及其供电系统

调节聚焦旋钮即改变 A_1 的电位(如图Ⅱ.4-2所示),可以改变电子透镜的焦距。聚焦好时,电子束汇聚的焦点刚好落在荧光屏上,打出小而清晰的光点。A_1 与 A_2 又形成第二电子透镜。调节 A_2 电位可改善聚焦,使光点更圆更小,称为辅助聚焦。

荧光屏 示波管的荧光屏是在示波管屏幕内壁上涂敷一层荧光粉制成的。荧光粉受高速电子流轰击时便发出荧光。电子流轰击停止,荧光屏不马上消失而要残留一段时间,称为**余辉**。不同材料制成的荧光粉其余辉长短不同,通常分为三种。即短余辉(10 μs～1 ms)、中余辉(1 ms～0.1 s)和长余辉(0.1 s～1 s以上)。短余辉示波管适宜观察高速变化的信号或过程,长余辉则适宜观察缓慢变化过程。

高速电子流轰击荧光屏使之发光的同时还伴有热量产生。电子密度过大的电子束长时间轰击屏幕上一点时,会导致该点因过热而使发光效率变低。严重时可能烧出黑斑。所以使用示波器时不要使光迹过亮,更不能使电子束长时间轰击一点。

偏转板 示波管中共有两对偏转板。一对称为 Y 偏转板,也称为垂直偏转板。由上下两块平行的金属极板组成。一对称为 X 偏转板,也称为水平偏转板。由左右两块平行的金属极板组成。当 X 和 Y 两对偏转板上都不加电压时,电子束将穿过它们直射荧光屏中心,所以光点位于屏的正中央。

若于 Y 偏转板上施加电压 U_y,两极板间就建立了电场。电子束穿过此电场时便向高电位极板方向发生偏转，打到荧光屏上的位置将偏离中心一定距离 y，如图Ⅱ.4－3所示。事实上 $y \propto U_y$，即电子束在荧光屏上移动的距离 y，正比于加到偏转板两端的电压 U_y。这是示波器测量的理论基础。

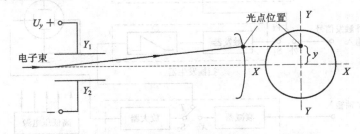

图Ⅱ.4－3　电子束在偏转电场作用下发生偏转

通常，上述关系可简写为 $y = A_y U_y$。A_y 表示两偏转板间每加 1 V 电压，光点在荧光屏上移动的距离。它的倒数 $S_y = 1/A_y$ 称为 Y 轴灵敏度，表示欲使光点在荧光屏上沿 Y 轴方向每移动单位距离，Y 偏转板需加之电压值。常表示为 V/cm 或 V/div。使用示波器测电压时，经常用到这一参数。

若加于 Y 偏转板上的电压是交变电压 u，则电子束在交变电场力作用下不停地上下摆动，在荧光屏上描出的轨迹将是一条竖直方向的亮线。

X 偏转板的原理与 Y 偏转板相同，对应地有 $x = A_x U_x$ 及 $S_x = 1/A_x = U_x/x$。S_x 称为 X 轴灵敏度，表明欲使光点在荧光屏上沿 X 轴方向每移动单位长度，X 偏转板需施加的电压值。不过在做波形测量时，X 轴均作为时间轴 t。这时应将灵敏度 S_x 中的电压 U_x 与时间 t 相关联。于是 S_x 表示为 S_t，单位为 s/cm 或 s/div。

（2）波形显示原理。要显示随时间 t 变化的电压波形，例如，显示正弦电压 $u(t) = U_m \sin \omega t$ 的波形。我们可选取荧光屏的纵轴 Y 为电压轴，横轴 X 为时间轴。

为使 X 轴代表时间，需在 X 偏转板上加一周期性锯齿形电压（由锯齿电压发生器产生，经 X 轴系统加于 X 偏转板）。由于在每一周期之内锯齿电压是时间的线性函数 $u_x(t) = kt$（如图Ⅱ.4－4所示），因而只需调整光点位置，使之当锯齿周期之始 $[u_x(0) = 0]$ 处于 X 轴的左端，当锯齿周期之末 $[u_x(T) = kT]$ 处于 X 轴的右端。则光点将在每一锯齿电压控制下，周而复始地从左端沿 X 轴等速移动到右端，我们称之为"扫描"。这样，光点在 X 轴的位置就与时间相关联。所以也称光点扫描轨迹为"时间基线"，简称时基。时基通常以 μs/cm 定标，即前面述及的 S_t。

为使 Y 轴代表被测电压，需将 $u(t)$ 加于 Y 轴输入端，再经 Y 轴系统最后加于 Y 偏转板上，表示为 u_y。这时电子束的偏转便受控于 $u_y = u(t)$，使得光点随 $u(t)$ 而上下移动。

最终，光点在屏上的位置由 X 和 Y 两个方向的位移来决定，合成结果就得到电压 $u(t)$ 按时间 t 的展开波形，如图Ⅱ.4－4所示。

最后指出，示波器的横向扫描方式常见有两种。一种称为"连续扫描"，即扫描发生器处于连续工作状态，它产生重复周期为 T 的周期性锯齿电压，在此电压驱使下，光点在屏上连续地扫描，即使没有外加信号，屏上也能显示出一条时基线。另一种称为"触发扫描"，这种扫描方式的特点是扫描发生器平时处于等待状态，只当有触发脉冲输入时才产生一个扫描电压。故当无外加信号触发它时，屏上不会出现时基线。

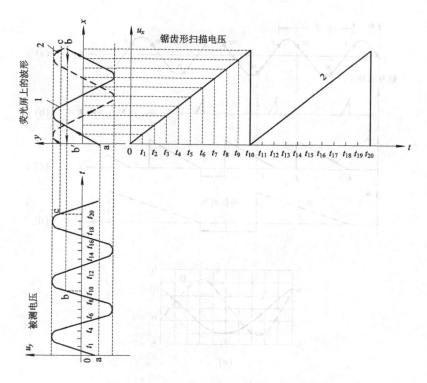

图Ⅱ.4-4 连续扫描波形显示的原理图

（3）触发扫描。图Ⅱ.4-4所示的是连续扫描波形显示的原理。可以看出，在锯齿电压与被测正弦电压共同驱使下，电子束（或扫描光点）在屏上的扫描轨迹，对应于锯齿电压的第一周期描出$u(t)$的ab段。但在t_{10}瞬间锯齿电压发生周期交替，这时到达b点的光点迅速"跳回"左端（称回扫）再开始新的扫描周期。而在t_{10}时刻u_y值连续，它使得光点在"跳回"屏幕左端时保持了与b点相等的垂直位移。所以新的扫描周期的起点是b'。可想而知，由于不能保证每次扫描的起点一致，荧光屏上就得不到一条稳定不变的波形。

要解决这个问题，需使时基扫描与被测信号相关联（称"同步"），以保证每次扫描的起点相同。

对于连续扫描方式，可利用被测信号（或与被测信号相关的其他信号）去控制扫描发生器，使它在一定的频率稳定度范围内，保证扫描周期T_n是被测信号周期T的整数倍。设n是1、2、3、……整数，上述关系可表示为$T_n=nT$。

对于触发扫描方式，就是利用被测信号（或与被测信号相关的其他信号）去触发扫描，原理如下。

图Ⅱ.4-5所示的是触发扫描波形显示的原理图。利用被测信号u_y波形上的某固定点S使触发同步系统产生脉冲序列，用此脉冲序列去依次触发扫描发生器使之产生锯齿形电压以驱动电子束扫描。这样就保证了每次扫描的起点相同。

锯齿电压的幅度是固定的，它保证扫描光点在屏幕X方向满偏。锯齿波的宽度或者说锯齿电压的上升速率决定扫描时基。扫描发生器均设有"扫描速率"开关，用它变换电路参数即可改变锯齿波宽度，给时基以不同定标，以满足对不同时间的测量要求。

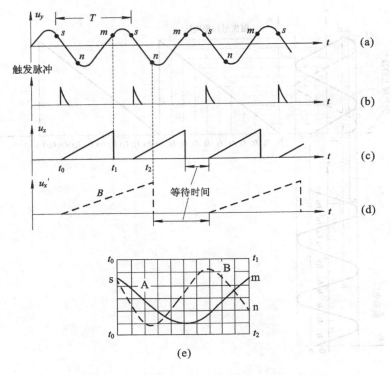

图Ⅱ.4-5 触发扫描波形显示的原理图

当锯齿波宽度小于信号周期 T 时，每个触发脉冲均可触发一个锯齿波（如图 Ⅱ.4-5 中(b)和(c)所示），启动 CRT 扫描一次。由于每次扫描轨迹均是 u_y 波形的 sm 段，荧光屏上就显示出该段曲线的稳定图形（如同图Ⅱ.4-5(e)中曲线 A）。如果锯齿波宽度大于 T，如图Ⅱ.4-5(d)所示，在锯齿电压结束之前还会到来一个触发脉冲，而扫描发生器对此脉冲则不予响应。因为扫描发生器本身具有这样的功能，只有当锯齿电压结束，扫描发生器进入触发等待状态时，它才接受触发脉冲的启动。与图Ⅱ.4-5(d)所示扫描相应的显示波形如图Ⅱ.4-5(e)中曲线 B。

触发同步系统以响应 u_y 波形的 s 点而不是在其他点产生触发脉冲，是因为它能鉴别 s 点所特有的斜率和电压值。实际上通过稳定调节和触发增幅两个旋钮，可以在一定范围内改变 s 点的位置。

以上所述，同步触发信号 u_y 是自示波器 Y 轴系统取出的，称为内触发方式。除此方式外，同步信号还可取自电源，也可外加其他信号，分别称为电源触发方式和外触发方式。前已述及，当采用非内触发方式时，所用触发信号必须是与被测信号相关联的。否则将无法得到稳定的波形显示。

(4) 二踪显示。在测量工作中常常希望把两个不同的信号同时显示在一个荧光屏上，以便比较它们之间在波形、幅度、相位(或时间)等方面的差异。为此，可采用二踪示波器。

二踪示波器工作原理如图Ⅱ.4-6所示，图Ⅱ.4-6(a)所示的方框图，它有 Y_A 和 Y_B 两个前置输入通道。当电子开关 S 接通 Y_A 时，CRT 电子束受信号电压 A 控制，描绘信号 A 的波形；当 S 接通 Y_B 时，CRT 电子束受信号电压 B 控制，描绘信号 B 的波形。若电子开关 S 不停地变换接通方向，荧光屏上可同时得到电压 A 和电压 B 的波形。

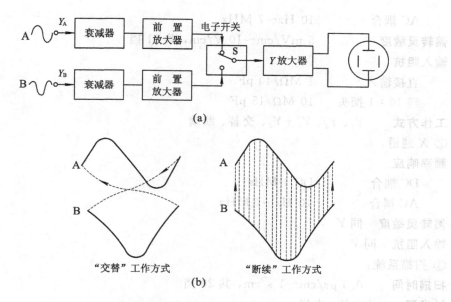

(a)

"交替"工作方式   "断续"工作方式

(b)

图Ⅱ.4-6 二踪显示原理

(a) 方框图；(b) 显示图形

根据电子开关转换的控制方法不同，二踪显示有两种工作方式。

"断续"式 电子开关受自激振荡器控制，转换频率即自激振荡器的频率有固定的数值（例如，SR—071B 示波器为 200 kHz）。描出的波形由一个个间断点组成，显示图形如图Ⅱ.4-6(b)所示。当开关转换频率远高于被测信号频率时，间断点靠得很近，成为"连续"波形。故"断续"方式适用于观察低频信号。

"交替"式 电子开关受扫描电压控制，每扫描一次，开关转换一次，即 Y_1 输入信号自左至右扫描显示后，扫描电压回扫时开关转换至 Y_2，接着 Y_2 输入信号自左至右扫描一次，回扫时开关又转换至 Y_1。如此形成交替扫描。波形如图Ⅱ.4-6(b)所示。此种工作方式在观察低频信号时，由于扫描信号频率很低，以至出现不能同时观察到两个通道的被测信号的情况。故"交替"方式只适于观察频率较高的信号。

不论是"断续"式还是"交替"式显示，为了提高显示清晰度，在电子开关转换的瞬间，都同时产生一个消隐脉冲加于 CRT 控制栅，以消除开关转换期间电子束扫出的亮线（图Ⅱ.4-6 中所示的虚线）。

2）SR—071B 双踪示波器

SR—071B 双踪示波器是通用型示波器，它是 SR—071 系列双踪示波器 6 个型号中的一种。下面介绍它的主要功能、工作原理和操作方法。本仪器的开关、旋钮很多，但只要搞清仪器的功能、基本工作原理及相关控制件的作用，操作方法并不难掌握。这种示波器会用了，其他型号示波器的使用方法也就容易掌握。

（1）主要技术指标：

① Y 通道（Y_1、Y_2 相同）：

频率响应

    DC 耦合   DC 7 MHz

AC 耦合	10 Hz～7 MHz	

偏转灵敏度 　　5 mV/cm～10 V/cm，共 11 挡

输入阻抗

　　直接输入　　1 MΩ/40 pF

　　经 10∶1 探头　10 MΩ/15 pF

工作方式　　Y_1、Y_2、$Y_1 + Y_2$、交替、断续

② X 通道：

频率响应

　　DC 耦合　　DC 1 MHz

　　AC 耦合　　10 Hz～1 MHz

偏转灵敏度　同 Y

输入阻抗　同 Y

③ 扫描系统：

扫描时间　　0.5 μs/cm～1 s/cm，共 20 挡

触发源　　内、外、电视

④ 校准信号：

波形	方波	正弦波
频率	1 kHz	50 Hz
幅度 U_{p-p}	2 V，0.2 V	2 V

⑤ 电源：

(220 ±10 ％) V，50 Hz，消耗功率 50 W

（2）原理方框图及面板介绍。图Ⅱ.4－7 所示的是 SR－071B 型示波器原理方框图。图Ⅱ.4－8 所示的是它的面板图。

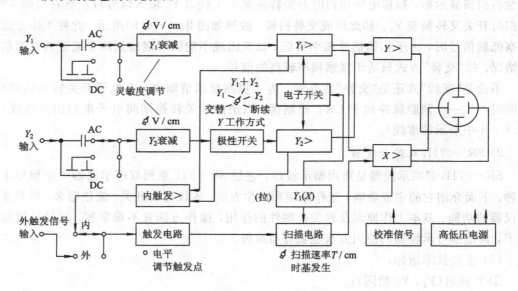

图Ⅱ.4－7　SR－071B 原理方框图

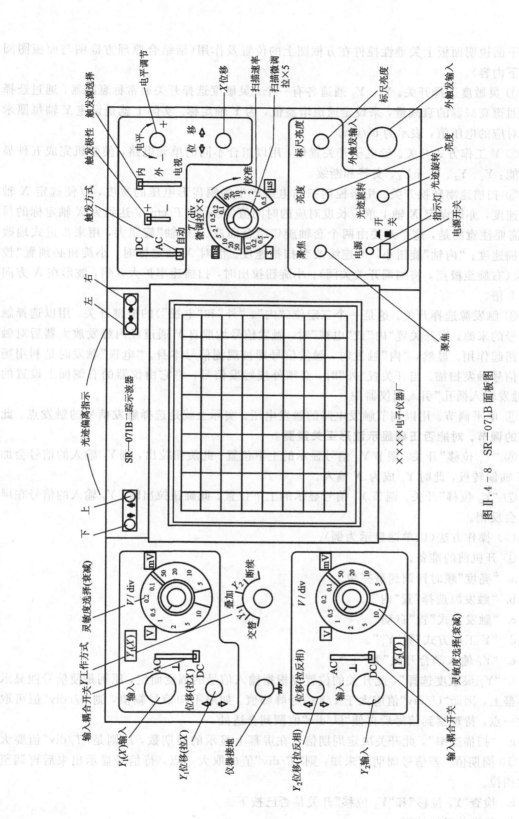

图 II.4-8 SR—071B 面板图

下面说明面板上关键性控件在方框图上的位置及作用（请结合原理方框图与面板图阅读以下内容）。

① 灵敏度选择开关。Y_1、Y_2 通道各有一个。灵敏度选择开关通常称衰减器，通过选择各自通道衰减器的衰减量，来设定通道增益值，为 Y 轴**定标**。实际上就是设定 Y 轴每厘米长度对应的电压值，表示为 U/cm。

② Y 工作方式开关。给电子开关置位，用以组合不同的单元电路，使整机完成五种显示功能：Y_1、Y_2、Y_1+Y_2、交替和断续。

③ 扫描速率转换开关。用来控制扫描电路产生的锯齿形电压的宽度，以便选定 X 轴扫描速度，亦即设定 X 轴上单位长度对应的时间值（表示为 T/cm），达到为 X 轴定标的目的。需要注意的是，这个开关由两个套轴旋钮组合而成。"外轴"旋钮大，用来步进式地改变扫描速度；"内轴"旋钮小，可连续改变扫描速度。但对 X 轴定标时，小旋钮必须置"校准"位（右旋至极点，将细调开关关闭）。小旋钮拉出时，扫描速率扩大 5 倍，波形在 X 方向扩展 5 倍。

④ 触发源选择开关。这是一个三定位（"内"、"外"和"电视"）的扳键开关，用以选择触发信号的来源。当开关置"内"或"电视"时，触发信号均取自 Y 通道经内触发放大器后对触发电路起作用。显然，"内"触发时，触发信号即被观测信号本身。"电视"触发时是利用场同步信号触发扫描。当开关置"外"时，必须外接触发信号，将它由仪器的右侧面上设置的"外触发输入插孔"引入到仪器中。

⑤ 电平调节。用以调节触发电路的触发电压。实际上就是选择触发信号的触发点。**此旋钮的调节，对能否正确显示波形至关重要。**

⑥ "Y_1 位移"开关。调节 Y_1 信号显示的上下位置。此旋钮拉出，则 Y_1 输入的信号会加到 X 轴偏转板，此时 Y_1 成为 X 输入。

⑦ "Y_2 位移"开关。调节 Y_2 信号显示的上下位置。此旋钮拉出时，Y_2 输入的信号在屏幕上会反相。

（3）操作方法（以单踪显示为例）。

① 开机前的准备。

a. "亮度"顺时针调到最亮位。

b. "触发源选择"置"内"。

c. "触发方式"置"自动"。

d. "Y 工作方式"置"Y_1"。

e. "Y_1 输入耦合开关"置"⊥"。

f. "Y_1 灵敏度选择"，此开关的位置要根据输入信号的幅度而定，原则是使信号能显示在屏幕上，因而"U/div"值应大于 1/8 信号峰峰值。如果不知信号幅值，则"U/div"值可取得大一点，待观察到信号后再使"U/div"值调到合适处。

g. "扫描速率"，此开关决定周期信号在屏幕上显示的周期数，原则是"T/div"值要大于 1/10 周期值。若信号周期值未知，则"T/div"值应取大一点，待信号显示出来后再调至合适挡位。

h. 检查"Y_1 位移"和"Y_2 位移"开关是否已按下。

② 开机并显示波形。

a. 按下"电源"开关，指示灯亮。

b. 开电源后半分钟观察屏幕上有无亮线（横线）；若无亮线，可以同时调节"Y_1 位移"和"X 位移"使亮线出现。然后将亮线调至中央位置。

c. 调"亮度"使光线亮度适中（注意光线太亮易损害眼睛和屏幕，且光点不易调细）。

d. 调"聚焦"使光点变细。

e. Y_1 输入端输入信号（此时"输入耦合开关"在"⊥"位，屏幕上无信号波形），只要将"输入耦合开关"置"AC"或"DC"位，就会有波形显示。若波形不稳定，可调"电平调节"使波形稳定。

f. 调"Y_1 灵敏度选择"，使波形在 Y 轴方向的高度合适。

g. 调"扫描速率"开关，使屏幕上显示一到两个周期的信号。

③ 双线显示。只要将"Y 工作方式"置"交替"位（信号频率较高时用）或"断续"位（信号频率较低时用），即可实现双线显示，此时信号分别从 Y_1 和 Y_2 输入端输入，其他操作步骤与单线显示相同。

④ 电压测量。电压测量是在 Y 轴方向进行的。现以正弦波峰峰值的测量为例，说明电压测量的方法。当正弦波信号稳定显示在屏幕上后，做如下操作：

a. 调"X 位移"使正弦波一个正峰顶位于 Y 刻度标尺处。

b. 调"Y 位移"使正弦波负峰顶位于某一条与 X 刻度标尺平行的横线上。结果如图 Ⅱ.4－9 所示，正峰顶位于Ⓑ点，负峰顶位于Ⓐ点。

c. 测出Ⓐ点所在的横线与Ⓑ点间高度 h（以 cm 为单位）。

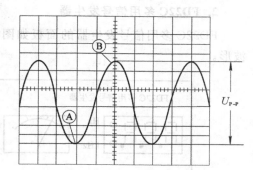

图 Ⅱ.4－9　调"Y 位移"后的波形

d. 在"灵敏度选择"开关上读出 Y 灵敏度"U/div"值 $S_y/(\text{V} \cdot \text{cm}^{-1})$。

e. 正弦波峰峰值 $U_{\text{p-p}}$ 为

$$U_{\text{p-p}}/\text{V} = h/\text{cm} \times S/(\text{V} \cdot \text{cm}^{-1})$$

⑤ 时间测量。时间测量是在 X 轴方向上进行的。以正弦波周期测量为例。

a. "扫描微调"旋钮（小旋钮）顺时针旋到底（"校准"位）。

b. 调节"扫描速率"开关，使正弦波在屏幕上出现的周期数尽可能少（最好是一个周期，但不能少于一个周期）。

c. 调节"X 位移"使正弦波左侧上升边与屏幕中间 X 刻度标尺线的交点 A 位于与 Y 刻度标尺线垂直平行的线上，如图 Ⅱ.4－10 所示。

d. 若正弦波第二个上升边与 X 刻度标尺线交于 B 点，如图 Ⅱ.4－10 所示，则测出 A、B 两点间的水平距离 X_T/cm。

e. 读出"扫描速率"开关指示的 T/div 值（设为 $S_x/(\text{V} \cdot \text{cm}^{-1})$），则正弦波周期 T 为

$$T = X_T/\text{cm} \times S_x/(\text{V} \cdot \text{cm}^{-1})$$

如果在测 X_T 时，扫描微调开关是在"扩展"位（拉出位置），则用上式计算时，X_T 值应除以 5。

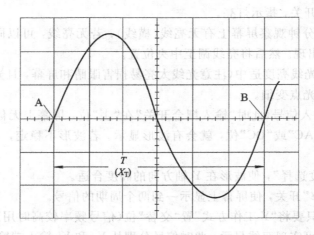

图Ⅱ.4-10 波形两点间时间的测量

2. FD22C 多用信号发生器

FD22C 多用信号发生器的面板如图Ⅱ.4-11 所示。它能输出正弦波和脉冲波两种波形。

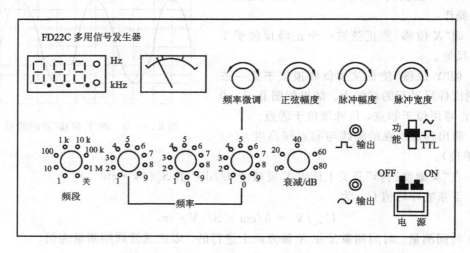

图Ⅱ.4-11 FD22C 多用信号发生器的面板

1）正弦波输出

（1）信号从"～输出"端输出。

（2）"功能"开关置"～"位。

（3）频率调节。频率由左上角的数码管显示，读数时要注意小数点和单位（Hz 还是 kHz）。左下角的"频段"开关可调节小数点位置和单位值。频率的 3 位有效数调节开关可调节 3 位有效数（当开关指示值与数码管显示值不一致时，以数码管显示值为准）。

（4）正弦信号幅度由"正弦幅度"旋钮调节。但在实验时要注意以下几点：

① 面板上电压表指示的值是信号源电压的有效值（即"衰减/dB"在 0 dB 时输出端的开路电压）。当输出端接上负载时，输出电压值与电压表上指示值不一致。此时输出电压值要

用示波器或晶体管毫伏表来测量。

② 通常实验时，"衰减/dB"开关置 0 dB 位，若置 20 dB 位则输出电压减小为原来的 1/10，衰减每增加 20 dB，输出就减小为原来的 1/10。

2）脉冲波输出

（1）信号从"⊓输出"端输出。

（2）"功能"开关置"⊓"位。

（3）频率调节与正弦波输出相同。

（4）脉冲幅度由"脉冲幅度"旋钮调节。但要注意以下两点：

① "衰减/dB"的用法与正弦波调节相同。

② 面板上电压表指示的值与脉冲幅度无关。输出脉冲幅度必须由示波器来测定。

（5）"脉冲宽度"旋钮用来调节正脉冲的宽度。宽度调节得是否合适需用示波器测定。若脉冲宽度是周期的一半（即正脉冲宽度和负脉冲宽度相等），此时的脉冲波称为方波。

（二）实验指导

1. 课前预习

（1）认真阅读"实验仪器与器材介绍"，了解示波器原理及 SR－071B 型双踪示波器面板上主要开关和旋钮的名称、位置和所起的作用。

（2）熟记示波器显示波形的操作步骤，了解电压测量和时间测量的方法和注意事项。

（3）了解 FD22C 多用信号发生器的操作方法。

2. 实验目的

了解示波器原理，掌握示波器使用方法。

3. 实验内容与步骤

1）观察 FD22C 信号发生器输出的正弦波信号

（1）按"实验仪器与器材介绍"中 FD22C 的操作方法，调节 FD22C 输出 $f=1$ kHz、$U=1.0$ V 的正弦波，并输入 SR－071B 示波器 Y_1 端。注意信号源地线要与示波器地线接在一起，称为"共地"。

（2）按"实验仪器与器材介绍"中 SR－071B 的操作步骤，使屏幕上显示一到两个周期的正弦波。并画出此时的波形图（草图）。

（3）改变"扫描速率"开关，观察波形变化。

① 顺时针一挡一挡改变"扫描速率"开关，观察波形有何变化（用文字描述）？

② 逆时针一挡一挡改变"扫描速率"开关，观察波形有何变化（用文字描述）？

③ 调"扫描速率"开关，使屏幕上出现一到两个周期的正弦波。

（4）改变"灵敏度选择"开关，观察波形的变化。

① "灵敏度选择"开关顺时针一挡一挡地改变，观察波形有何变化（用文字描述）？

② "灵敏度选择"开关逆时针一挡一挡地改变，观察波形有何变化（用文字描述）？在实验中如果出现波形不稳，可调"电平调节"旋钮使波形稳定。

③ 调"灵敏度选择"开关，使波形高度适中。

2）正弦波周期 T 的测量

（1）信号源输出正弦波的条件与上面实验相同。

（2）按"实验仪器与器材介绍"中 SR－071B 测时间的方法与步骤测量正弦波的周期 $T=?$

3）正弦波峰-峰值 U_{p-p} 的测量

（1）正弦波的频率和幅度与上面实验同。

（2）按"实验仪器与器材介绍"中正弦波电压测量的方法与步骤，测量此时正弦波峰-峰电压值 $U_{p-p}=?$

4）观察 FD22C 输出的脉冲波

（1）按 FD22C 的操作方法，使信号源输出 $f=400$ Hz 的脉冲波，并输入示波器 Y_1 端。

（2）信号源"脉冲幅度"旋钮置中间位置。

（3）调示波器使之在屏幕上出现一到两个周期的脉冲波（操作步骤与正弦波显示相同）。

（4）调节信号源"脉冲宽度"旋钮，使正脉冲宽度刚好是周期的一半（手调"脉冲宽度"旋钮，眼睛要看着示波器的屏幕），此时的脉冲波就是方波。

（5）测量方波的周期和峰-峰值。

4. 讨论题

（1）归纳示波器使用要点。

① 哪些开关和旋钮是关键？

② 波形不稳应调哪个旋钮？

③ 波形幅度太大或太小应如何处理？

④ 波形周期数太多应如何处理？

（2）测量时间时应注意什么问题？

（3）光点太亮有什么害处？

实验五　一阶电路的暂态特性

（一）实验仪器和器材介绍

（1）SR－071B 型双踪示波器（详见实验四的介绍）。

（2）FD22C 型多用信号发生器（详见实验四的介绍）。

（3）固定线路实验板。图Ⅱ.5－1 所示的是这种固定线路实验板的过渡过程实验板，实验板上装有不同内容的实验线路，面板上绘出了电路图并设有引线插孔。实验者只需利用两端装有插头的导线把外接测量仪表和信号源连接到实验线路的相应插孔上，便可进行实验。

这种实验板的中部装有一组三联转接插孔，其用途是把一个可连的插孔扩大为两个可连插孔。例如，图中的 B 插孔用导线与"1"插孔相连，则 B 插孔就变为"2"插孔和"3"插孔两个可连插孔，此时可同时连接信号源和示波器。

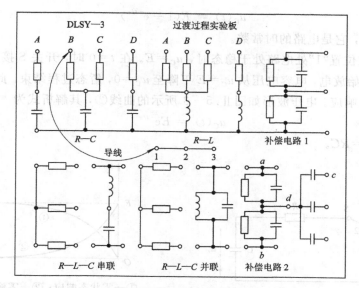

图Ⅱ.5-1 固定线路实验板的过渡过程实验板

（二）实验指导

1. 课前预习

（1）复习实验四的实验内容，总结示波器使用要点：

① 示波器显示波形的方法、步骤。

② 示波器测量电压和时间的操作方法、注意事项。

（2）阅读原理部分，重点了解：

① 暂态特性的观测方法。

② 时常数 τ 的测量方法。

③ 什么是一阶电路阶跃响应的三要素？根据测量获得的三要素数据如何正确、迅速地画出波形？

④ 一阶电路在什么条件下可近似看成是积分电路？是哪个元件上的响应与输入信号成积分关系？

⑤ 一阶电路在什么条件下可近似看成是微分电路？是哪个元件上的响应与输入信号成微分关系？

2. 实验目的

学习用示波器观察和分析一阶电路的暂态过程，学习测量电路时常数的方法，建立积分电路和微分电路的基本概念。

3. 实验原理

1）RC 电路暂态响应的观察

（1）图Ⅱ.5-2 所示的是 RC 电路，开关 S 在位置"2"时电路已稳定，$u_C=0$。当 $t=0$ 时，开关 S 接至位置"1"，电容开始充电，u_C 从 $u_C=0$（零状态）上升至 $u_C=E$ 时，暂态过程完毕。此阶段电容电压响应为零状态响应，电压波形如图Ⅱ.5-3 所示的曲线①，其解析式为

$$u_C(t) = E(1 - e^{-t/\tau})$$

式中，它 $\tau = RC$，它是电路的时常数。

当开关 S 在位置"1"处电路处于稳态时，$u_C = E$。在 $t = 0$ 时，开关 S 接至"2"，此时为零输入，电容开始放电，电容电压从 $u_C = E$ 下降至 $u_C = 0$，暂态过程结束。此阶段电容电压的响应称零输入响应。电压波形如图 II.5-3 所示的曲线②，其解析式为

$$u_C(t) = E e^{-t/\tau}$$

式中，时常数 $\tau = RC$。

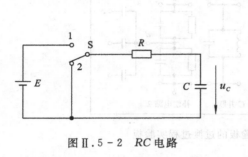

图 II.5-2　RC 电路

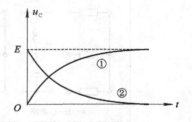

①—零状态响应；②—零输出响应

图 II.5-3　零状态响应及零输入响应曲线

(2) 利用周期方波电压(如图 II.5-4(a)所示)作为图 II.5-5 所示的 RC 电路的激励电压 u_i。只要方波的周期足够长，使得在方波作用期间或在方波间歇期间内，电路的暂态过程基本结束(实际只需 $T/2 > 5\tau$ 即可满足此要求)，就可实现对 RC 电路的零输入与零状态响应的观察，如图 II.5-4(b)所示。因为在方波作用期间($0 \sim T/2$、$T \sim 3T/2$ 等)$u_i = E$，相当于图 II.5-2 中开关 S 接通电源 E，电容电压响应为零状态响应；在方波间歇期间($T/2 \sim T$、$3T/2 \sim 2T$ 等)$u_i = 0$，相当于图 II.5-2 中开关 S 接通"2"，电容电压响应为零输入响应。

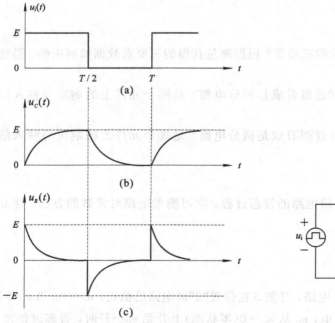

(a)

(b)

(c)

图 II.5-4　周期方波激励下的 $u_C(t)$ 和 $u_R(t)$ 波形

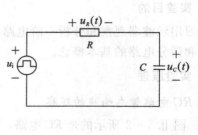

图 II.5-5　周期方波激励下的 RC 电路

2) **电路时常数 τ 的测量**

通过分析可知，一阶电路的暂态响应均按指数曲线增长或衰减。而指数曲线有如图Ⅱ.5-6所示的规律。假设 $t=0$ 时电压由 0 开始上升，至 $t=\infty$ 时，电压上升至 E（实际上这一过程只需 3～5 倍时常数即可完成）。指数曲线的特点是，电压由 0 开始上升至 $E/2$ 所经历的时间 $\Delta t \approx 0.69\tau$（图Ⅱ.5-6中 K_1 点）。而电压由 0 开始上升至 $0.63E$ 所经历的时间近似等于 τ（图Ⅱ.5-6中 K_2 点）。事实上，由曲线上任意一点开始都遵从这一规律。例如，图Ⅱ.5-6中 K_1' 点至 E 间的电压差为 U_p，则自 K_1' 点开始，当电压上升至 $U_p/2$（图中 K_2'点）时所经历的时间 $\Delta t \approx 0.69\tau$。

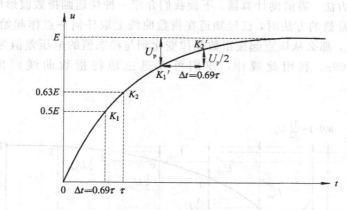

图Ⅱ.5-6 τ 的测量

利用上述规律可以方便地从响应波形上测出电路时常数 τ。在示波器上观察 u_C 波形时，波形的扫描起点电压不可能达到最低点（零电压点），这是由触发扫描示波器本身的特点所决定的。所以在测量时常数 τ 时，可先调"电平"旋钮，使屏幕左边扫描起点上下移动，使得起点电压与稳态电压 E 之间的差值 U_p 尽可能大，并且代表 U_p 值的垂直距离能被 2 整除。这样测 Δt 值就比较方便，$\tau = \Delta t / 0.69$。

3) **指数波形三要素**

由电路理论知，一阶 RC 电路的阶跃响应是按指数规律变化的。决定波形变化的三要素是起始电压 $u(0^+)$，稳态电压值 $u(\infty)$ 以及电路的时常数 τ（或者 Δt）。这三个要素可以在示波器显示的暂态波形上测量出来（条件是在方波半周期内暂态过程结束，即 $T/2 > 5\tau$）。

下面讨论如何根据测量到的三个要素在坐标纸上画波形。首先要明确在方波作用期（$0 \sim T/2$）和在方波间歇期（$T/2 \sim T$），三个要素中的时常数 τ 是不变的，但起始值和稳态值是不同的。在 $0 \sim T/2$ 期间，起始值为 $u(0^+)$，稳态值 $u(\infty) \approx u(T^-/2)$；在 $T/2 \sim T$ 期间起始值为 $u(T^+/2)$，稳态值 $u(\infty) \approx u(T^-)$。所以在实验时，一定要分段测定起始值和稳态值。

在方波作用期间（$0 \sim T/2$），无论是 $u_C(t)$ 还是 $u_R(t)$ 均按式（5-1）规律变化，区别仅在 U_p 值不同（大小和符号不同）。

$$u(t) = u(0^+) + U_p(1 - e^{-\frac{t}{\tau}}) \tag{5-1}$$

式中

$$U_p = 稳态值 - 起始值 \approx u\left(\frac{T^-}{2}\right) - u(0^+)$$

在方波间歇期间$(T/2{\sim}T)$

$$u(t) = u\left(\frac{T^+}{2}\right) + U_{\mathrm{p}}\left(1 - \mathrm{e}^{\frac{\frac{T}{2}-t}{\tau}}\right) \tag{5-2}$$

式中

$$U_{\mathrm{p}} = 稳态值 - 起始值 \approx u(T^-) - u\left(\frac{T^+}{2}\right)$$

运用式(5-1)和式(5-2)，可以将暂态响应波形各点的坐标，根据三要素值计算出来，然后在坐标纸上画出波形。

上述画波形的方法，需借助计算器。下面我们介绍一种快速画指数波形的方法。

在介绍测量时常数的方法时，已经知道在指数曲线上取任何一点作起始点，该点到稳态值的电压差为U_{p}，那么从该点起按指数规律变化到与稳态值的电压差值为$U_{\mathrm{p}}/2$时所需的时间为 $\Delta t = 0.69\tau$。利用此规律，我们可以迅速地将指数曲线画出来。方法如图Ⅱ.5-7所示。

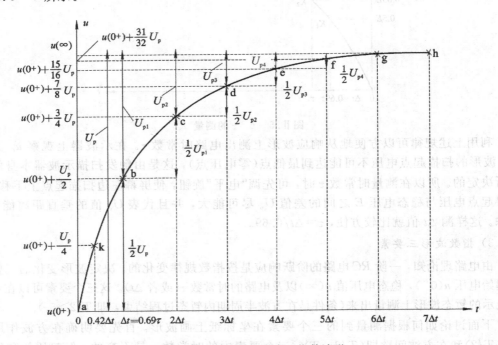

图 Ⅱ.5-7 根据三要素画指数波形

图Ⅱ.5-7中，$U_{\mathrm{p}} = u(\infty) - u(0^+)$为正值，所以是上升指数曲线。画图时，先定下起始点 a，其坐标$u(t) = u(0^+)$，$t = 0^+$，再画出稳态值$u(\infty)$的水平线。$u(0^+)$到$u(\infty)$的间距为U_{p}，那么经过Δt的时间，曲线应变化$U_{\mathrm{p}}/2$到达 b 点，该点的电压值应为$u(0^+) + U_{\mathrm{p}}/2$。再从 b 点起始，该点到稳态值的间距为$U_{\mathrm{p1}}$，则经过$\Delta t$时间变化到 c 点，该点的坐标值$t = 2\Delta t$，$u(t) = $b 点电压值$+ U_{\mathrm{p1}}/2 = u(0^+) + 3U_{\mathrm{p}}/4$。用同样的方法，可以迅速将 d、e、f、g 等各点的坐标确定下来。曲线经过$(6{\sim}7)\Delta t$，曲线已达稳态值。由于 a 点到 b 点间相对距离较长，可以补充一个 k 点，其坐标值为$t = 0.42\Delta t$，$u(t) = u(0^+) + U_{\mathrm{p}}/4$。将 a、k、b、c、d、e、f、g、h 点自然地连接起来就是指数曲线。如果$u(0^+)$值大于$u(\infty)$值，则U_{p}

为负值，画出来的曲线是下降指数曲线，画法与上类同。

4）微分电路和积分电路

RC 电路在不同的使用条件下，可用作简单的积分电路和微分电路。

（1）微分电路。图Ⅱ.5-8(a)所示 RC 电路，输出电压 $u_o(t)$ 是电阻 R 上的响应。如果电路的时常数 τ 很小而输入信号 $u_i(t)$ 的频率很低，从而满足 $\tau \ll T/2$，在此条件下 $u_R(t) \ll u_C(t)$，因而 $u_C(t) \approx u_i(t)$，

$$u_o(t) = u_R(t) = Ri(t) = RC\frac{\mathrm{d}u_C}{\mathrm{d}t} \approx RC\frac{\mathrm{d}u_i}{\mathrm{d}t} \qquad (5-3)$$

即输出电压近似与输入电压的微分成正比。归纳起来，微分电路的条件是：

① 电路时常数 τ 远远小于输入信号周期。

② 输出信号 $u_o(t)$ 就是电阻 R 上的电压响应 $u_R(t)$，它与输入信号电压的微分成正比，若输入电压为周期方波，则输出电压为周期窄脉冲，如图Ⅱ.5-8(b)所示。

（2）积分电路。图Ⅱ.5-9(a)所示 RC 电路，输出电压 $u_o(t)$ 是电容 C 上的响应。如果电路的时常数 τ 很大，而输入信号 $u_i(t)$ 的频率很高，从而满足 $\tau \gg T/2$，在此条件下，$u_C(t) \ll u_R(t)$，$u_R(t) \approx u_i(t)$，因而

$$i(t) = \frac{u_R(t)}{R} \approx \frac{u_i(t)}{R}$$

$$u_o(t) = u_C(t) = \frac{1}{C}\int i(t)\mathrm{d}t \approx \frac{1}{RC}\int u_i(t)\mathrm{d}t \qquad (5-4)$$

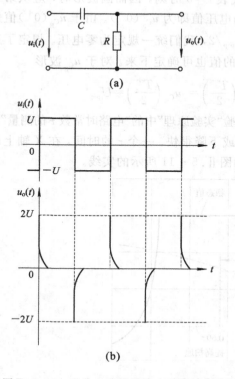

图Ⅱ.5-8　微分电路及其输入、输出波形

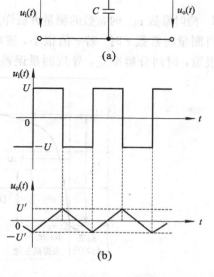

图Ⅱ.5-9　积分电路及其输入、输出波形

即输出电压近似与输入电压的积分成正比。归纳起来，积分电路的条件是：

① 电路时常数 τ 远远大于输入信号周期。

② 输出信号 $u_o(t)$ 是电容 C 上的电压响应 $u_C(t)$，它与输入信号电压的积分成正比。若输入电压为周期方波，则输出电压为周期三角波，如图Ⅱ.5-9(b)所示。

4. 实验内容与步骤

1）一阶 RC 电路暂态响应的研究

（1）观察方波输入一阶 RC 电路的响应 $u_C(t)$。

① 调节信号源输出 $f=1.00$ kHz，$U_{p-p}=4.0$ V 的方波。操作方法详见实验四的"FD22C 多用信号发生器"中的"脉冲波输出"。实验时注意 U_{p-p} 的值要用示波器测量，如果 U_{p-p} 的值达不到规定的 4.0 V 要求，可调"脉冲幅度"旋钮，使之达到要求。同时要调"脉冲宽度"旋钮，使脉冲宽度是周期 T 的 1/2（即方波）。

② 在图Ⅱ.5-1 所示实验板 RC 电路的 B 电路（$C=0.01\ \mu F$，$R=2.2$ kΩ）上，按图Ⅱ.5-10 所示线路连线，用示波器观察 u_{C_B} 波形，并测时常数 τ_B。

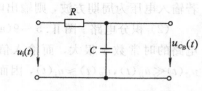

图Ⅱ.5-10 观察 u_C 波形电路图

a. 连线时注意"共地"，即信号源的地线和示波器的地线要接在一起并接到 RC 电路的电容端。

b. 示波器的操作按实验四练习过的步骤操作。

c. 画一周期 u_{C_B} 波形的草图，画图时，$t=0$ 时刻应定在方波上升边起始处。由于示波器扫描时，扫描起始点由"电平"控制，通常不代表 $t=0$ 时刻，因而画波形时，应从第二个周期开始，将上升边起始点作为零时刻，此点的电压值即为 $u_{C_B}(0^+)$。由于 $u_{C_B}(0^+)$ 值是个参考电平，可以把它定为零电压，也可定为 $-U_{p-p}/2$，我们统一规定为零电压。规定了这个电压值后，$u_{C_B}(T^-/2)$、$u_{C_B}(T^+/2)$ 和 $u_{C_B}(T^-)$ 的值也可确定下来。对于 u_{C_B} 波形

$$u_{C_B}(0^+)=u_{C_B}(T^-)=0,\ u_{C_B}\left(\frac{T^-}{2}\right)=u_{C_B}\left(\frac{T^+}{2}\right)=U_{p-p}$$

d. 测时常数 τ_B。时常数的测量方法详见本实验"实验原理"中的"电路时常数 τ 的测量"。

当测量时常数 τ 时，若 τ 值很小，波形上升或下降很快。一个 τ 的时间，在 X 轴上所占长度很短，时间分辨率差，导致测量误差大，如图Ⅱ.5-11 所示的实线。

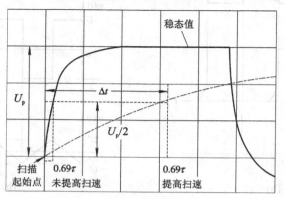

图Ⅱ.5-11 提高测 τ 精度的方法

为使测量准确，根据示波器的特性和指数曲线的规律，可采取下述方法：

首先测出 U_p 值。这里要注意一点，测时常数时要从示波器屏幕上扫描起始点开始，U_p 值就是扫描起始点到稳态值之间的电压差。在保证 Y 轴灵敏度不变的条件下提高扫描速度，此时屏幕上扫描起始点不动，整个曲线变得平缓，如图 Ⅱ.5 - 11 所示的点划线。$\Delta t=0.69\tau$ 对应的水平距离加长，因而测得的 Δt 值比较准确。从起始点开始电压上升 $U_p/2$ 所需的时间就是 Δt。

③ 用实验板上的 C 电路($C=0.01\ \mu F$，$R=6.2\ k\Omega$)进行实验，观察 u_{C_C} 波形，并测量时常数 τ_C。注意此实验连线很简单，只需将信号源的输出线(红)从实验板上 B 点转到 C 点即可，其他线路不动。实验步骤与②类同。u_{C_C} 波形可与 u_{C_B} 波形画在同一坐标上，以便互相比较。

(2) 观察方波输入一阶 RC 电路的响应 $u_R(t)$。

① 信号与上面实验相同(方波)。

② 在实验板 B 电路上按图 Ⅱ.5 - 12 所示线路连线，用示波器观察 u_{R_B} 波形。

a. 连线时要注意"共地"，即信号源的地线和示波器的地线要接在一起并接到 RC 电路的电阻端。由于电阻端(B 端)只有一个插孔，不能同时插信号源地线和示波器地线。为此可以如图 Ⅱ.5 - 1 所示，用导线将 B 点和 1 点连接起来，使一个 B 点插孔扩大为 2、3 两个插孔。

b. 画一周期 u_{R_B} 的草图。画图时，$t=0$ 时刻应定在波形上冲时刻(对应方波上升边)。波形的参考电平可定在稳态值处，即 $u_{R_B}(\infty)=u_{R_B}(T^-/2)=u_{R_B}(T^-)=0$，再测出 $u_{R_B}(0^+)$ (即上峰顶)和 $u_{R_B}(T^-/2)$ (即下峰顶)的值。

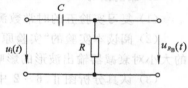

图 Ⅱ.5 - 12　观察 u_R 波形电路图

③ 在实验板 C 电路上按图 Ⅱ.5 - 12 所示线路连线，用示波器观察 u_{R_C} 波形。实验步骤与②类同。u_{R_C} 波形可与 u_{R_B} 波形画在同一坐标上，以便互相比较。

2) 微分电路的研究

(1) 信号与上面实验相同(方波)。

(2) 用实验板上 A 电路($R=2.2\ k\Omega$，$C=2200\ pF$)，按图 Ⅱ.5 - 8(a)所示线路接线，实际上连线方法与观察 u_R 波形的连线方法相同，只需将 C 电路上的插头转换到 A 电路上即可。

(3) 用示波器观察 u_R 波形，并画波形。注意由于 $\tau=RC\ll T$，所以响应波形是窄脉冲，画图时掌握好脉冲宽度与周期 T 的比例，并标出峰顶值(正负两个峰顶)。

3) 积分电路的研究

(1) 信号与上面实验相同(方波)。

(2) 用实验板上 D 电路($R=6.2\ k\Omega$，$C=1.5\ \mu F$)按图 Ⅱ.5 - 9(a)所示线路接线。实际上连线方法与观察 u_C 波形的连线方法相同。

(3) 用示波器观察 u_C 波形，并画波形。注意由于 $\tau=RC\gg T$，响应波形峰峰值很小，所以应将"Y 灵敏度选择"开关顺时针打几挡才能观察到波形。要求画波形草图，并测出上、下峰顶值。

5. 讨论题

（1）一阶 RL 电路对方波激励的响应波形是什么样的？

（2）在研究方波激励积分电路时，由于 $\tau \gg T$，使得响应波形 $u_C(t)$ 在 $T/2$ 时间内达不到稳态值，因而无法用实验中使用的测时常数方法测 τ 值。但积分电路的响应 $u_C(t)$ 波形中，包含时常数 τ 的信息。应用什么方法测得 τ 值？

实验六　一阶电路的应用实例

（一）实验仪器和器材介绍

（1）SR—071B 型双踪示波器（详见实验四的介绍）。

（2）FD22C 型多用信号发生器（详见实验四的介绍）。

（3）固定线路实验板（详见实验五的介绍）。

（二）实验指导

1. 课前预习

（1）复习实验五的时常数测量方法。

（2）阅读本实验的"实验原理"部分，了解补偿衰减器的用途和原理。了解补偿电容 C_1 的大小对衰减器输出波形的影响。

（3）认真分析图Ⅱ.6－2 中过补偿、最佳补偿和欠补偿三种情况下的波形图。如何在示波器显示的波形图上测量 $R_2/(R_1+R)$ 值、$C_1/(C_1+C_2)$ 值以及时常数 τ 值。

2. 实验目的

研究电容补偿衰减器。通过实验，了解一阶 RC 电路的应用。

3. 实验原理

电容补偿衰减器原理线路如图Ⅱ.6－1 所示。这种补偿衰减器常用在测量仪器的输入端，例如，示波器和电子式交流电压表的输入端。图中 R_1 和 R_2 组成分压器，使输入电压幅度减小（衰减）。C_2 是衰减器的负载电容，由于此电容的存在，会使输出信号 u_2 产生失真。为此可加上一个补偿电容 C_1，其容量通常是可调的，只要 C_1 值取得合适，信号 u_1 通过衰减器后产生的输出 u_2 波形就不会产生失真。

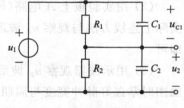

图Ⅱ.6－1　电容补偿衰减器

对于图Ⅱ.6－1 电路，由基尔霍夫电流定律（KCL）可得

$$C_1 \frac{\mathrm{d}u_{C1}}{\mathrm{d}t} + \frac{u_{C1}}{R_1} = C_2 \frac{\mathrm{d}u_2}{\mathrm{d}t} + \frac{u_2}{R_2}$$

即

$$C_1 \frac{\mathrm{d}(u_1-u_2)}{\mathrm{d}t} + \frac{u_1-u_2}{R_1} = C_2 \frac{\mathrm{d}u_2}{\mathrm{d}t} + \frac{u_2}{R_2}$$

整理得
$$(C_1+C_2)\frac{\mathrm{d}u_2}{\mathrm{d}t}+\frac{R_1+R_2}{R_1R_2}u_2=C_1\frac{\mathrm{d}u_1}{\mathrm{d}t}+\frac{u_1}{R_1}\tag{6-1}$$

若输入信号为阶跃信号 $E\varepsilon(t)$，则

$$u_2(t)=\left[\frac{R_2}{R_1+R_2}+\left(\frac{C_1}{C_1+C_2}-\frac{R_2}{R_1+R_2}\right)\mathrm{e}^{-\frac{t}{\tau}}\right]E\varepsilon(t)\tag{6-2}$$

式中

$$\tau=\frac{R_1R_2}{R_1+R_2}(C_1+C_2)$$

由式（6-2）可知：

当 $t\to\infty$ 时，

$$u_2(\infty)=\frac{R_2}{R_1+R_2}E$$

即衰减器输出信号的稳态值仅与输入信号幅度及 R_1、R_2 值有关，与电容 C_1、C_2 值无关，衰减器的分压比

$$\frac{R_2}{R_1+R_2}=\frac{u_2(\infty)}{E}$$

当 $t\to 0^+$ 时，

$$u_2(0^+)=\frac{C_1}{C_1+C_2}E$$

即衰减器输出信号的起始值仅与输入信号幅度及 C_1、C_2 值有关，与电阻 R_1、R_2 无关。改变补偿电容 C_1 的值，可以得到不同的结果。

（1）最佳补偿。当 C_1 的取值满足 $R_1C_1=R_2C_2$ 时，

$$\frac{C_1}{C_1+C_2}=\frac{R_2}{R_1+R_2}$$

$$\tau=\frac{R_1R_2}{R_1+R_2}(C_1+C_2)=R_1C_1=R_2C_2$$

因而

$$u(0^+)=\frac{C_1}{C_1+C_2}E=\frac{R_2}{R_1+R_2}E=u(\infty)$$

说明衰减器输入阶跃信号，输出也为阶跃信号，只是幅度减小，属不失真传输。这是实际希望得到的结果。

（2）过补偿。当 C_1 的取值过大，使得

$$R_1C_1>R_2C_2$$

$$\frac{C_1}{C_1+C_2}>\frac{R_2}{R_1+R_2}$$

$$\tau=\frac{R_1R_2}{R_1+R_2}(C_1+C_2)<R_1C_1$$

因而

$$u(0^+)=\frac{C_1}{C_1+C_2}E>u(\infty)=\frac{R_2}{R_1+R_2}E$$

衰减器输出信号出现尖峰。在实际应用中是不希望出现的，必须减小 C_1 值，以达到最

佳补偿。

（3）欠补偿。当 C_1 的取值过小，使得

$$R_1 C_1 < R_2 C_2$$

$$\frac{C_1}{C_1 + C_2} < \frac{R_2}{R_1 + R_2}$$

$$\tau = \frac{R_1 R_2}{R_1 + R_2}(C_1 + C_2) > R_1 C_1$$

因而

$$u(0^+) = \frac{C_1}{C_1 + C_2}E < u(\infty) = \frac{R_2}{R_1 + R_2}E$$

衰减器输出信号的起始值小于稳态值，形成所谓的"溜肩"现象。这在实际应用中也是不希望出现的，必须加大 C_1 值，以达到最佳补偿。

三种补偿情况时的阶跃响应波形如图Ⅱ.6-2所示。

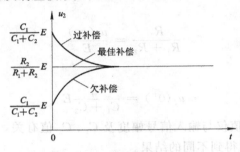

图Ⅱ.6-2　阶跃信号通过衰减器的波形

4. 实验内容与步骤

1）最佳补偿时阶跃响应的观察

（1）调节信号源输出 $U_{p-p} = 4.0\,\text{V}$，$f = 1.00\,\text{kHz}$ 的方波。

（2）按图Ⅱ.6-1在过渡过程实验板上（补偿电路2）连线。信号源接至 a、b 两点，示波器接至 d、b 两点。注意信号源与示波器"共地"。

（3）用示波器观察并记录衰减器输出波形。注意测量输出电压幅值。此时电路中 $R_1 = R_2 = 10\,\text{k}\Omega$，$C_1 = C_2 = 1000\,\text{pF}$。

2）过补偿时阶跃响应的观察

（1）信号与上面相同。

（2）在上面实验线路的基础上，用导线将 b、c 两点连接。此时 $C_1 = 1000 + 4700 = 5700\,\text{pF} > C_2 = 1000\,\text{pF}$，$R_1 = R_2 = 10\,\text{k}\Omega$。

（3）用示波器观察并记录衰减器输出波形。要求测量起始值 $u(0^+)$ 和稳态值 $u(\infty)$。并测量时常数 τ（如何测量？读者自行考虑）。

3）欠补偿时阶跃响应的观察

（1）信号与上面相同。

（2）在上面实验线路的基础上，去掉 a、c 间的连线，将 b、c 用导线连起来。此时，$C_1 = 1000\,\text{pF} < C_2 = 1000 + 4700 = 5700\,\text{pF}$，$R_1 = R_2 = 10\,\text{k}\Omega$。

（3）用示波器观察并记录衰减器输出波形。要求测量起始值 $u(0^+)$ 和稳态值 $u(\infty)$。并测量时常数 τ（如何测量？读者自行考虑）。

5. 讨论题

（1）从测量到的波形参数，如何计算出 $R_1/(R_1+R_2)$ 值和 $C_1/(C_1+C_2)$ 值？

（2）在实际应用的补偿衰减器中，过补偿时的时常数 τ 与欠补偿时的时常数 τ 是否相同？为什么？

实 验 七 阻 抗 的 测 量

（一）实验仪器和器材介绍

1. XD22 型低频信号发生器

XD22 型低频信号发生器与 FD22C 多用信号发生器一样可以产生正弦波信号及脉冲信号。信号频率范围为 1 Hz～1 MHz，用数码管显示。脉冲信号宽度在周期的 30%～70% 范围内可调，输出阻抗为 600 Ω。这是一台多功能的信号发生器。

图 Ⅱ.7-1 所示的是 XD22 型低频信号发生器的面板，图 Ⅱ.7-2 所示的是其原理方框图。操作方法如下：

（1）频率调节。方法与 FD22C 的频率调节方法相同，频率由数码管显示。读数时注意小数点位置及频率单位（Hz 还是 kHz）。

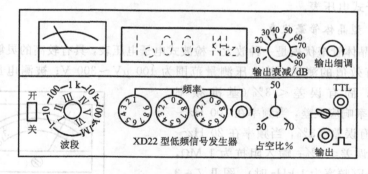

图 Ⅱ.7-1　XD22 型低频信号发生器的面板

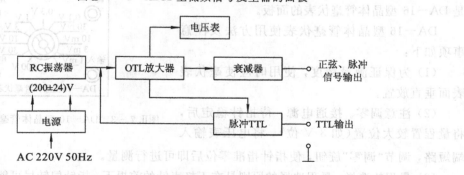

图 Ⅱ.7-2　XD22 型低频信号发生器的原理方框图

(2) 信号输出与波形变换。信号从面板右下方的输出端输出，正弦波和脉冲波均用此输出端。正弦波和脉冲波可用输出端上方的乒乓开关来选择。

(3) 信号幅度调节。信号幅度可用面板右上方的"输出衰减/dB"开关(实验时此开关可不用，置"0 dB"位即可)和"输出细调"旋钮来调节。信号幅度的有效值(正弦波和脉冲波电压)由电压表指示，但指示的是空载(负载开路)电压。若输出端接上负载，输出电压值与面板上电压表读数值是不一致的。

(4) 脉冲宽度调节。脉冲宽度由"占空比％"旋钮调节。

2. DA－16 晶体管毫伏表

1) 综述

电压表是电子测量技术中一种最基本的仪表。选用电压表主要考虑以下技术特性：

(1) 频率范围。与所有电子仪器一样，每种电压表也各有一定的工作频段。例如 DA－16 型晶体管毫伏表测量电压的频率范围是 20 Hz～1 MHz。

(2) 量程。电子式电压表的电压测量范围一般可从毫伏级到数百伏。高灵敏度的数字式电压表的灵敏度可高达 10^{-9} V。电压表的量程应根据被测电压的大小选用，选择原则是使电压表指针偏转在满偏位置的 2/3 以上。

(3) 输入阻抗。为使电压表对被测电路的工作状态影响尽量小，要求电压表的输入阻抗较之被测阻抗尽可能高。

虽然万用表也可测量电压，但它的灵敏度不高于 0.1 V，频率响应在 3 kHz 以下，电表内阻仅为几十千欧到数百千欧，不能满足电子线路(或设备)测试中的要求。在这种场合下必须使用电子式电压表。

2) DA－16 型晶体管毫伏表

DA－16 型晶体管毫伏表是一种放大—检波式电子电压表，具有较高的灵敏度和稳定度，用于正弦电压有效值的测量。其电压测量范围为 100 μV～300 V；被测电压频率范围为 20 Hz～1 MHz；固有误差 ＜ 3％(基准频率 1 kHz)；对于频率响应误差，当频率在 100 Hz～100 kHz 时，固有误差 ≤3％，当频率在 20 Hz～1 MHz时，固有误差 ≤5％；输入阻抗为 1 MΩ，接入电容为 70 pF(频率为 1 kHz 时)。图Ⅱ.7－3 是 DA－16 型晶体管毫伏表的面板。

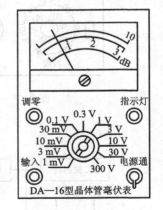

图Ⅱ.7－3 DA－16型晶体管毫伏表的面板

DA－16 型晶体管毫伏表使用方法及注意事项如下：

(1) 为保证测量精度，使用时应使毫伏表表面垂直放置。

(2) 注意调零。接通电源，待指针稳定后，将量程置较大位置(如 3 V 位)，将电压表输入端短路，调节"调零"旋钮，使指针指准零位后即可进行测量。

(3) 量程的选择。量程选择的原则是在不打表针的前提下，指针偏转尽可能大。为此，可先将量程放大一点，输入电压后，若指针偏转过小(甚至指零刻度)，可逆时针一挡一挡地调

— 48 —

节"量程开关",直至指针有较大偏转时才读数。注意读数后立即将量程调回至大挡位。

（4）测量时要正确选择接"地"点,以免造成测量误差。电压表的"地"应尽可能与信号源的"地"接在一起。尤其是被测电压小于 100 mV 时更应注意这一点。

（5）注意正确读数,不要读错刻度尺。毫伏表有 3 条刻度线:第一条满偏值为 10,供量程开关指向 0.1 V、1 V 和 10 V 等 1×10^n 挡级使用,在哪个挡,则满偏值代表这挡的值;第二条最大刻度值为 3,供量程 0.3 V、3 V 和 30 V 等 3×10^n 挡级使用,同样,最大刻度代表该挡的值;第三条刻度线供音频电平测量使用。

3）固定线路实验板

本实验使用的固定线路实验板如图Ⅱ.7-4 所示,其使用方法与实验五介绍的"固定线路实验板"的使用方法相同。

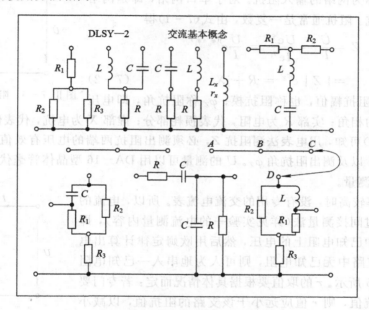

图Ⅱ.7-4 固定线路实验板

4）SR-071B 型双踪示波器

详见实验四的介绍。

（二）实验指导

1. 课前预习

（1）认真阅读本实验的"实验仪器与器材介绍"部分,了解 XD22 低频信号发生器与 DA-16 型晶体管毫伏表的使用方法和注意事项。

（2）认真阅读本指导书"实验原理",了解阻抗的测量方法,掌握"三压法"测阻抗的原理及对测量数据进行处理的方法。

（3）按表Ⅱ.7-1 画两个表格以备实验时进行记录使用。并按表内列出的频率计算 10 mH 电感的感抗理论值和 0.01 μF 电容的容抗理论值,分别记入表 Ⅱ.7-1 内。

2. 实验目的

学习阻抗测量方法。了解正弦交流电路中的相量关系。掌握点测法测量频率特性。

3. 实验原理

阻抗的测量分电表法和电桥法两种。电桥法测阻抗精度较高，但操作比较麻烦。电表法测量精度较差，但操作方便。本实验只讨论电表法测阻抗。

阻抗定义为加在网络上的正弦电压相量 $\dot{U}$ 和流过网络的电流相量 $\dot{I}$ 之比，即

$$Z = \frac{\dot{U}}{\dot{I}} \qquad (7-1)$$

阻抗定义示意图：如图Ⅱ.7-5所示。网络输入端口的电压、电流相量之比称为网络的输入阻抗。对于单口网络，即是网络自身的等效阻抗。阻抗通常是一复数，由式(7-1)得

$$Z = \frac{\dot{U}}{\dot{I}} = \frac{Ue^{j\varphi_u}}{Ie^{j\varphi_i}} = \frac{U}{I}e^{j(\varphi_u-\varphi_i)}$$

$$= |Z|e^{j\varphi_Z} = R + jX \qquad (7-2)$$

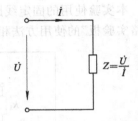

图Ⅱ.7-5 阻抗定义示意图

式中，$|Z|$ 称为阻抗幅值，也称阻抗模；φ_Z 称阻抗角，即电压 $\dot{U}$ 超前电流 $\dot{I}$ 的相角；实部 R 为电阻，代表损耗部分；虚部 X 为电抗，代表储能部分。

从式(7-2)可知，用电表法测阻抗 Z，必须测出阻抗两端的电压有效值 U、流过阻抗的电流有效值 I 以及测出阻抗角 φ_Z。U 的测量可以用 DA-16 型晶体管毫伏表进行。下面讨论 I 和 φ_Z 的测量。

(1) 在频率较高时，没有专用的交流电流表。所以，电流的测量通常是通过间接测量法（详见实验一的电流测量内容），即测量被测支路中已知电阻上的电压，然后用欧姆定律计算出电流。如果被测支路中无已知电阻，则可人为地串入一已知电阻 r，如图Ⅱ.7-6所示。r 的取值要根据具体情况而定：若专门要测某支路的电流值，则 r 值应远小于该支路的阻抗值，以减小因串入 r 而对该支路电流的影响；若为了测量阻抗而串入 r，则 r 值可取得与被测阻抗值基本接近。r 通常称为电流取样电阻。

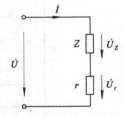

图Ⅱ.7-6 利用串入电阻 r 来测电流电路

从图Ⅱ.7-6可知，只要测得阻抗两端的电压 U_z 及 r 上的电压 U_r，则阻抗模 $|Z|$ 的测量值为

$$|Z| = \frac{U_z}{I} = \frac{U_z}{U_r} \cdot r \qquad (7-3)$$

(2) φ_Z 的测量。从式(7-1)可知 φ_Z 就是电压相量超前电流相量的相角。精确测量可以用相位差计。通常在精度要求不高的情况下，可以用双踪示波器进行测量。将 u_z 和 u_r 分别加到双踪示波器 Y_1 和 Y_2 两个输入端，调节示波器使在荧光屏上显示出稳定波形，并使两个波形的基线与荧光屏前坐标之横轴重合，即"双迹法"测相位，如图Ⅱ.7-7所示。然后读出波形一周期所占横轴长度，设为 T/mm，读出波形上升边过零点的间隔，设为 τ/mm，则阻抗角 φ_Z 为

$$\varphi_Z = \varphi_u - \varphi_i = \frac{\tau}{T} \times 360° \qquad (7-4)$$

阻抗角也可用电表法进行测量，这就是我们下面要介绍"三压法"测阻抗。

"三压法"测阻抗 在图Ⅱ.7-6的阻抗测量电路中，共有3个电压相量$\dot{U}$、$\dot{U}_z$和$\dot{U}_r$。它们的有效值U、U_z和U_r可以用晶体管毫伏表测量出来，用测量到的U_z和U_r值及已知的r值代入上面的式(7-3)中就可以计算出被测阻抗的阻抗模$|Z|$。

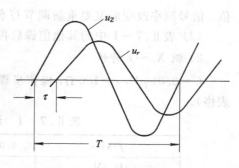

图Ⅱ.7-7 "双迹法"测相位

如何计算出φ_z，就必须研究$\dot{U}$、$\dot{U}_z$和$\dot{U}_r$间的相量关系。图Ⅱ.7-8和图Ⅱ.7-9是它们的相量图，均为一三角形。由于三角形三条边的长度就是各电压相量的有效值，已由电压表测出，因而这个三角形是已知的。电流相量$\dot{I}$与$\dot{U}_r$是同相位。根据式(7-1)可知，$\dot{U}_z$与$\dot{I}$之间的夹角就是φ_z，由此可求出

$$\varphi_z = \arccos \frac{U^2 - U_z^2 - U_r^2}{2U_zU_r} \tag{7-5}$$

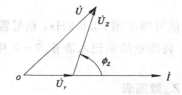

图Ⅱ.7-8 感性阻抗电路相量图

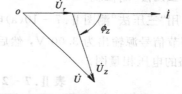

图Ⅱ.7-9 容性阻抗电路相量图

需要说明的是，式(7-5)计算出来的值是阻抗角的绝对值，是正值还是负值要根据阻抗的性质而定：若阻抗是感性阻抗，则取正值，相量图如图Ⅱ.7-8所示；若阻抗是容性阻抗，则取负值，相量图如图Ⅱ.7-9所示。判断阻抗是容性阻抗还是感性阻抗，有两种方法：

① 观察组成阻抗的元件，如果只有电容和电阻组成的网络，则为容性阻抗；如果只有电阻和电感组成的网络，则为感性阻抗。

② 用实验方法判断。方法是将测试频率提高，若测得的$|Z|$值比原测试频率时的$|Z|$值增加，则为感性阻抗；若$|Z|$值下降，则为容性阻抗。

应该说明的是，阻抗是频率的函数。因此通常在讨论某阻抗的值时，先决条件是指定频率，测阻抗就是测某一频率时的阻抗。

4. 实验内容与步骤

1）测量 $X_L \sim f$ 特性

（1）按图Ⅱ.7-6在图Ⅱ.7-4所示的实验板左上角L-R串联线路上连接实验电路。图中$L=10$ mH，R即图Ⅱ.7-6中的电流取样电阻$r=100$ Ω。

（2）信号源频率按表Ⅱ.7-1所列频率值变化，并保持$U=3.00$ V不变，测量U_z和U_r值记入表Ⅱ.7-1中。在实验中一定要注意先定下信号源频率，随后测量U是否是3.00 V（一定要将信号源连接到线路上后再进行测量），若不是3.00 V，则调信号源"输出细调"旋钮使之达到3.00 V（此时"输出衰减/dB"开关应在0 dB位），然后测量U_z和U_r

值。信号频率改变后又要重新调节 U 值达到 3.00 V 后才能进行测量。

(3) 表Ⅱ.7－1 中的其他值课后再进行处理。

2) 测 $X_C\sim f$ 特性

$C=0.01\ \mu F$，$r=100\ \Omega$，操作步骤与 1)的相同，测量数据记入表Ⅱ.7－1 内(另画一个表格)。

表Ⅱ.7－1　测量 $X_{L(C)}\sim f$ 特性数据记录

f/kHz	4.00	8.00	12.0	16.0	20.0
U_z/V					
U_r/V					
$X=\dfrac{U_z}{U_r}\cdot r/\Omega$					
$X_{理论值}/\Omega$					
误差/%					

3) "三压法"测阻抗

(1) 用"三压法"测图Ⅱ.7－10(a)电路中的 Z_{ab}，信号频率用 30.0 kHz，信号源接入电路后，调节信号源输出为 3.00 V，然后测量 U_z、U_r，将测量结果记入表Ⅱ.7－2 中。画出测量电路的电压相量图。

表Ⅱ.7－2　"三压法"测 Z_{ab} 数据表

电路	f/kHz	U/V	U_z/V	U_r/V	$|Z|/\Omega$	$\varphi_z/(°)$	$|Z|_{理}/\Omega$	$\varphi_{Z理}/(°)$
(a) 电路	30.0	3.00						
(b) 电路	15.0	3.00						

(2) 用同样方法测图Ⅱ.7－10(b)所示电路中的 Z_{ab}，信号频率为 15.0 kHz，$U=3.00$ V。测量数据记入表Ⅱ.7－2 中。画测量电路的电压相量图。

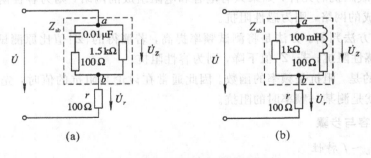

图Ⅱ.7－10　"三压法"测阻抗电路

4) 用示波器测量 φ_z

实验线路如图Ⅱ.7－6 所示，取 Z 为 $L=10$ mH(或电容 $C=0.01\ \mu F$)的阻抗，取样电阻 $r=100\ \Omega$。令信号源电压 $U=3.00$ V，信号频率：若 Z 为 L 的阻抗，则 $f=40.0$ kHz；若 Z 为 C 的阻抗，则 $f=6.00$ kHz。由于 $|Z|$ 值 $\omega L\gg r$ 或 $1/\omega C\gg r$，此时可认为 $\dot U_z\approx\dot U$。用双踪示波器测量 φ_z。连线时要注意按图Ⅱ.7－11 所示连接示波器，要注意"共地"(所谓"共

地"即信号源的地线与示波器的地线应连在同一节点上）。

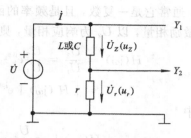

图Ⅱ.7-11　用示波器测量 φ_Z 电路

操作示波器时要注意以下几点：

（1）"Y工作方式"置"交替"位。

（2）"触发方式"开关置"自动"位。

（3）由于 U_r 值较小，因而 Y_2 的"灵敏度选择"开关要顺时针打若干挡，使屏幕上显示的两个信号幅度接近。

（4）测量前注意调节两个信号的零线与横坐标刻度重合。方法是将 Y_1 和 Y_2 的"输入耦合开关"放在"⊥"位，调 Y_1 和 Y_2 的"位移"旋钮，使屏幕上的两条横线（零线）与横坐标刻度重合。然后再将 Y_1 和 Y_2 的"输入耦合开关"回到"AC"位。

（5）运用"扫描速率"开关和"扫描微调"旋钮使信号一个周期的长度刚好是 10 cm（这样操作便于测量和计算）。根据式（7-4），此时横坐标每个厘米长度代表相角36°。只要将 u_z 上升边过零点与 u_r 上升边过零点间的距离 τ/cm 测出乘以36°即为 φ_Z 的绝对值。φ_Z 的符号取决于 u_z 是超前 u_r 还是滞后于 u_r：超前取"＋"号，滞后取"－"号。

5. 讨论题

（1）从测量结果判断，测量回路中 $\sum U = U - U_z - U_r$，是否为零？为什么？

（2）一个元件，不知是电感还是电容，如何判断？（要说明用何仪器？怎样判断？）

实验八　rLC 串联谐振电路

（一）实验仪器和器材介绍

（1）XD22型低频信号发生器（详见实验七的介绍）。

（2）DA-16型晶体管毫伏表（详见实验七的介绍）。

（3）固定线路实验板（详见实验七的介绍）。

（二）实验指导

1. 课前预习

（1）了解频率特性的测量原理及方法。

（2）了解 rLC 串联谐振电路的谐振特性。

（3）制定本实验各实验内容的实验步骤，设计数据记录表格，计算必要的理论数据。

2. 实验目的

学习网络频率特性的测量方法。了解 rLC 串联电路的谐振特性。

3. 实验原理

1）网络频率特性的测量

（1）网络函数。在正弦信号激励下，响应相量与激励相量之比定义为该网络的网络函数。通常它是一复数，且是频率的函数，用 $H(j\omega)$ 表示。对图Ⅱ.8-1所示网络，若以 $\dot{U}_1$ 为激励相量，以 $\dot{U}_2$ 为响应相量，则

$$H(j\omega) = \frac{\dot{U}_2}{\dot{U}_1} = \frac{U_2}{U_1}e^{j(\varphi_2 - \varphi_1)}$$

$$= |H(j\omega)|e^{j\varphi(\omega)} \qquad (8-1)$$

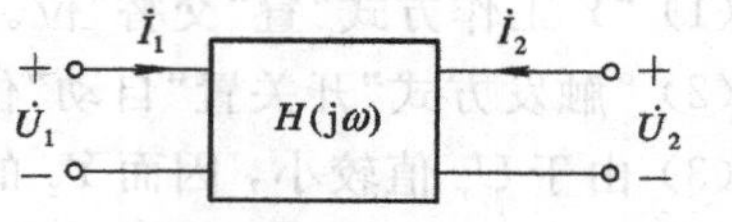

式中

$$|H(j\omega)| = \frac{U_2}{U_1} \qquad (8-2)$$

$$\varphi(\omega) = \varphi_2 - \varphi_1 \qquad (8-3)$$

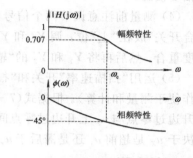

图Ⅱ.8-1 双口网络

$|H(j\omega)|$ 为输出电压与输入电压有效值（或振幅）之比，它随信号频率变化而变化，称为网络的"幅频特性"。$\varphi(\omega)$ 为输出相量 $\dot{U}_2$ 相对输入相量 $\dot{U}_1$ 的相移，也就是网络对信号引入的附加相移，它也随信号的频率变化而变化，称为网络的"相频特性"。幅频特性与相频特性统称为网络的频率特性。图Ⅱ.8-2是低通网络的频率特性。

图Ⅱ.8-2 网络的频率特性

（2）网络频率特性的测量方法。网络频率特性的测量方法有点测法和扫频法两种。

① 点测法。测量线路如图Ⅱ.8-3所示。正弦信号发生器产生的信号电压和频率可调，电压表作为电压测量指示，相位差计或示波器作为相位差测量指示。在被测网络的整个测量频段内，选取若干个频率点，调节信号发生器使信号频率依次等于所选测量点的频率值，逐点测出各相应频率的 U_1、U_2 值和相移 φ，并用式（8-2）、式（8-3）分别计算出 $|H(j\omega)|$、$\varphi(\omega)$ 的值，即可画出被测网络的幅频特性曲线和相频特性曲线。

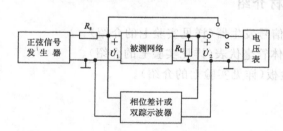

图Ⅱ.8-3 网络频率特性测量

② 扫频法。图Ⅱ.8-4是利用扫频法测量网络幅频特性的原理图。扫描发生器产生锯齿形电压。此电压一路经 X 放大器加于 CRT 的 X 偏转板，控制光点沿 X 轴向右进行等速扫描。在 t_1、t_2、t_3、……时刻，光点位置分别为 x_1、x_2、x_3、……，如图Ⅱ.8-4(b)所示。与此同时，锯齿电压的另一路送去控制扫频信号发生器的振荡频率，使它产生的等幅振荡的频率随锯齿电压同步增长，在 t_1、t_2、t_3、……时刻，对应频率分别为 f_1、f_2、f_3、……。一般称此振荡为调频（或扫频）信号。由此可见，调频信号的频率 f_1、f_2、f_3、…… 与光点位置 x_1、x_2、x_3、…… 一一对应。换而言之，光点的横向运动代表信号频率变化。假定被测网络的幅频特性 $|H(j\omega)|$ 是钟形的，它对低频和高频信号有较大衰减。因此，等幅调频信

号经过该网络后，将变为具有钟形包络的信号。该钟形包络即代表网络的幅频特性，它可用峰值检波器检出。将钟形电压经 Y 放大器加于 CRT 的 Y 偏转板，控制光点沿 Y 轴方向运动。对应于频率 f_1、f_2、f_3、……（光点横向位置）。光点的 Y 方向位置分别为 y_1、y_2、y_3、……。所以光点轨迹重现了网络幅频特性的形状。

国产 BT 系列扫频仪即是按照上述原理设计制造的仪器，专门用来测量网络的幅频特性曲线。

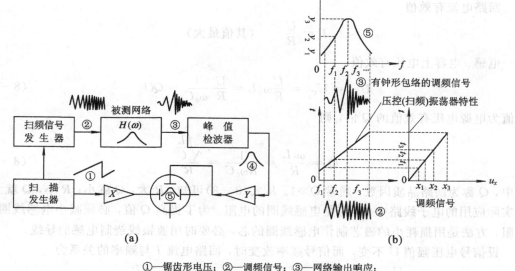

(a)　　　　　　　　　　　　　　　　**(b)**

①—锯齿形电压；②—调频信号；③—网络输出响应；
④—检波器输出电压；⑤—荧光屏上显示的网络幅频特性

图Ⅱ.8-4　扫描法测网络幅频特性

（a）方框图；（b）波形显示原理

2）rLC 串联谐振电路

图Ⅱ.8-5 为 rLC 串联谐振电路的原理图。其电压关系及阻抗表达式分别为

$$\dot{U} = \dot{U}_L + \dot{U}_C + \dot{U}_R \qquad (8-4)$$

$$\begin{cases} Z = R + \mathrm{j}(X_L - X_C) \\ \quad = R + \mathrm{j}\left(\omega L - \dfrac{1}{\omega C}\right) \\ |Z| = \sqrt{R^2 + \left(\omega L - \dfrac{1}{\omega C}\right)^2} \\ \varphi_Z = \arctan \dfrac{\omega L - \dfrac{1}{\omega C}}{R} \end{cases} \qquad (8-5)$$

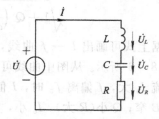

图Ⅱ.8-5　RLC 串联谐振电路

随着信号频率的增加，X_L 增加，X_C 减小，当信号频率为 ω_0 时，$X_L = X_C$，电路谐振，ω_0 称为谐振角频率。当电路谐振时

$$\omega_0 L = \frac{1}{\omega_0 C}$$

$$\begin{cases} \omega_0 = \dfrac{1}{\sqrt{LC}} \\ f_0 = \dfrac{1}{2\pi} \dfrac{1}{\sqrt{LC}} \end{cases} \tag{8-6}$$

电路串联谐振时具有下列特点：

回路阻抗

$$Z_0 = R \qquad (\text{其值最小})$$

回路电流有效值

$$I_0 = \frac{U}{R} \qquad (\text{其值最大})$$

电感、电容上电压有效值

$$U_{L_0} = U_{C_0} = \frac{U}{R}\omega_0 L = \frac{U}{R}\frac{1}{\omega_0 C} = QU \tag{8-7}$$

其值为电源电压有效值的 Q 倍，则

$$Q = \frac{\omega_0 L}{R} = \frac{1}{R\omega_0 C} = \frac{\sqrt{\dfrac{L}{C}}}{R} \tag{8-8}$$

式中，Q 称为回路品质因数，通常 $Q \gg 1$。从式（8-8）可知，R 大，Q 就小；R 小，Q 就大。在实际应用的电子线路中，R 应是电感线圈的电阻。为了提高 Q 值，必须减小电感线圈的电阻，方法是用损耗小的磁芯制作电感线圈的芯，必要时用镀银线绕制电感的导线。

设信号电压幅值 U 不变，而信号频率改变时，回路电流 I 与频率的关系为

$$I = \frac{U}{|Z|} = \frac{U}{\sqrt{R^2 + \left(\omega L - \dfrac{1}{\omega C}\right)^2}} = \frac{U}{R\sqrt{1 + Q^2\left(\dfrac{\omega}{\omega_0} - \dfrac{\omega_0}{\omega}\right)^2}}$$

$$= \frac{I_0}{\sqrt{1 + Q^2\left(\dfrac{\omega}{\omega_0} - \dfrac{\omega_0}{\omega}\right)^2}} = \frac{I_0}{\sqrt{1 + Q^2\left(\dfrac{f}{f_0} - \dfrac{f_0}{f}\right)^2}} \tag{8-9}$$

根据上式可画出 $I-f$ 曲线，称为谐振曲线，如图Ⅱ.8-6 所示。从图中曲线可知，Q 大（R 小），谐振电流 I_0 大，f 偏离 f_0 时，I 值下降很快，所以通频带 B 窄；Q 小（R 大），I_0 小，f 偏离 f_0 时，I 值下降较慢，通频带 B 宽。可以证明

$$B = \frac{f_0}{Q} \tag{8-10}$$

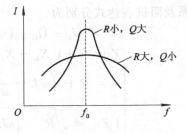

图Ⅱ.8-6　$I-f$ 曲线

电感和电容上的电压与频率的关系为

$$U_L = IX_L = \omega L I$$

$$U_C = IX_C = \frac{1}{\omega C}I$$

谐振时 $I = I_0$ 最大，但 $\omega_0 L$ 不是最大，因而 U_{L0} 不是最大，U_L 峰值出现在 f_L 处，$f_L > f_0$。同样谐振时的 U_{C0} 不是最大，U_C 峰值出现在 f_C 处，$f_C < f_0$。如图Ⅱ.8-7 所示。电压峰值

频率 f_L 和 f_C 随 Q 值的提高而愈靠近谐振频率 f_0。实际应用的 rLC 串联谐振电路 Q 值均很高，$f_c \approx f_0$，所以通常以 $U_C \sim f$ 曲线来表示它的频率特性。在测量 $U_C \sim f$ 特性时，应注意保持输入电压 U 值不随频率变化。

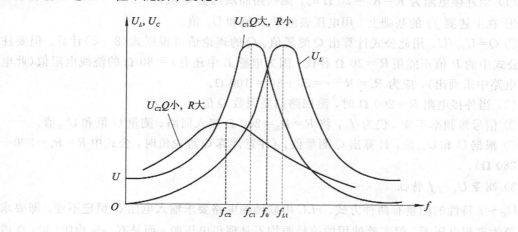

图 II.8 - 7 $U_C \sim f$ 曲线和 $U_L \sim f$ 曲线

串联谐振电路的谐振频率可用下述方法测量：

（1）谐振时，$I = I_0$ 最大，此时 U_R 也最大，所以，在保持输入电压 U 不变的情况下，改变信号频率，当 U_R 达到最大值时的频率（此时频率增加或减小，U_R 值均下降）即为谐振频率 f_0。但前面我们已指出，在实用电路中，R 是包含在电感线圈内的，所以此法不实用。

（2）由于 Q 值很高时，U_C 峰值频率 $f_c \approx f_0$，因而可以在保持输入电压 U 不变的情况下，改变信号频率，当 U_C 达峰值时，此时的信号频率 $f_c \approx f_0$，Q 值愈高，f_c 愈接近 f_0。实际常采用此法测量 f_0。

（3）利用电压源外特性测 f_0。测量线路如图 II.8 - 8 所示。信号源可看成一个理想电压源 U_i 和内阻 R_i 的串联，其外特性如图 II.3 - 3 所示。随着电流 I 的增加，电压 U 下降。rLC 串联电路谐振时，$I = I_0$ 最大，则信号源输出电压 U（即 rLC 串联电路输入电压）最小。操作上先调节信号源的开路电压为一特定值，然后接入串联电路，改变信号源频率 f 值，用毫伏表监测 U 值，当 U 值最小时的信号源频率即为 f_0。

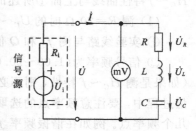

图 II.8 - 8 利用电压源外特性测 f_0 电路

回路品质因数 Q 值的测量在 f_0 值测定后进行。在电路谐振时，测量 U_{C0} 值和输入电压 U 值，用式(8 - 7)即可计算出 Q 值。实际应用的 Q 表就是根据这一原理设计的。

4. 实验内容与步骤

1）测谐振频率 f_0

（1）按图 II.8 - 8 所示在固定式实验板的 rLC 串联电路上连线，取外接电阻 $R = R_1 = 20\ \Omega$。

（2）信号源电压约为 3 V（信号源面板上电压表指示 3 V 即可）。

（3）改变信号源频率，用毫伏表监测信号源输出端电压 U，当 U 在电压表上的指示值达到最小值时的信号源频率即为 f_0 值。记下 f_0 测量值。

2）测回路品质因数 Q 值

（1）当外接电阻为 $R=R_1=20\ \Omega$ 时，测回路品质因数 Q 值：

① 在上述测 f_0 的基础上，用电压表测量 U 值和 U_{C0} 值。

② $Q=U_{C0}/U$，用此公式计算出 Q 测量值。Q 的理论值可根据式（8-8）计算。但要注意，公式中的 R 值不能用 $R=20\ \Omega$ 替代，因为电感 L 中还有 $r=80\ \Omega$ 的绕线电阻值（此电阻在电路中未画出），应为 $R_e=R+r=20+80=100\ \Omega$。

（2）当外接电阻 $R=200\ \Omega$ 时，测回路品质因数 Q 值：

① 信号源频率不变，仍为 f_0，将 $R=R_2=200\ \Omega$ 接入回路。测量 U 值和 U_{C0} 值。

② 根据 U 和 U_{C0} 值，计算出 Q 测量值。（注意计算 Q 理论值时，公式中 $R=R_e=200+80=280\ \Omega$）。

3）测量 $U_C \sim f$ 特性

$U_C \sim f$ 特性的测量有两种方式。rLC 串联谐振电路要求输入电压 U 恒定不变，即要求信号源为理想电压源。但实验使用的信号源均不是理想电压源，而是有一定内阻（600 Ω 或 75 Ω）的电压源。当信号频率改变后，信号源的输出电流（即流入 rLC 串联电路的电流）因负载阻抗的变化而变化，因而 U 值也发生变化。为了保证测量不受电源内阻的影响，可以用两种方法解决：① 在测 $U_C \sim f$ 特性时，信号源每改变一个频率，就用电压表监测 U 值是否变化。若有变化，调节信号源电压幅度旋钮，使 U 值保持规定值不变，然后再用电压表测量 U_C 值。② 由于电压传输系数 $H_C=U_C/U$ 只是频率的函数，随频率的变化而变化，而对于线性网络，H_C 值与输入电压 U 的大小无关。因而无论信号电压 U 随频率如何变化，只要每改变一个频率，就用电压表测出 U 值和 U_C 值，并计算出 H_C 值，则测得的 $H_C \sim f$ 特性曲线与上面①所述的方法测得的 $U_C \sim f$ 特性曲线变化规律是相同的。

（1）测 $R=20\ \Omega$ 时的 $U_C \sim f$ 特性（$H_C \sim f$ 特性）：

① 实验线路与测 f_0 和 Q 值的线路相同，取 $R=R_1=20\ \Omega$。

② 信号频率为（1.00～20.0）kHz，保持输入信号 $U=0.50$ V 不变，测量 $U_C \sim f$ 特性（如果是测 $H_C \sim f$ 特性，则不必保持 $U=0.50$ V 不变，但应同时测出 U 值和 U_C 值）。在测量过程中，要注意频率点的选取，不能等间隔地选，原则上在曲线斜率变化大的地方多取几个频率点。例如在谐振频率 f_0 附近，曲线斜率由正到零再到负地变化，因而要多测几个点，频率间隔要小一点。在通频带的下截止频率和上截止频率附近也应多测几个点。测量数据的记录表自行设计。

（2）测 $R=200\ \Omega$ 时的 $U_C \sim f$ 特性（$H_C \sim f$ 特性）。令 $R=R_2=200\ \Omega$，实测线路和实验步骤同上。

5．讨论题

利用电路的谐振特性，可以测量 L 或 C 的元件值。试设计具体测量线路和测量方法，并说明原理。

第二部分

《电路分析基础(第四版)》
各章习题详解

第 1 章　电路基本概念

1.1　图示一段电路 N，电流、电压参考方向如图所示。

（1）当 $t=t_1$ 时，$i(t_1)=1$ A，$u(t_1)=3$ V，求 $t=t_1$ 时 N 吸收的功率 $P_N(t_1)$。

（2）当 $t=t_2$ 时，$i(t_2)=-2$ A，$u(t_2)=4$ V，求 $t=t_2$ 时 N 产生的功率 $P_N(t_2)$。

解　（1）因 $u(t)$ 和 $i(t)$ 参考方向关联，所以 N 在 t_1 时刻吸收的功率

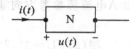

$$P_N(t_1)=u(t_1)i(t_1)=3\times 1=3 \text{ W}$$

（2）N 在 t_2 时刻产生的功率

题 1.1 图

$$P_N(t_2)=-u(t_2)i(t_2)=-4\times(-2)=8 \text{ W}$$

1.2　在题 1.2 图所示的直流电路中，各矩形框图泛指二端元件或二端电路，已知 $I_1=3$ A，$I_2=-2$ A，$I_3=1$ A，电位 $V_a=8$ V，$V_b=6$ V，$V_c=-3$ V，$V_d=-9$ V。

（1）欲验证 I_1、I_2 电流数值是否正确，直流电流表应如何接入电路？并标明电流表极性。

（2）求电压 U_{ac}、U_{db}。要测量这两个电压，应如何连接电压表？并标明电压表极性。

（3）分别求元件 1、3、5 所吸收的功率 P_1、P_3、P_5。

解　（1）电流表Ⓐ、Ⓐ分别串联接入 I_1、I_2 所在的两个支路，使电流的实际方向从直流电流表的正极流入，如题解 1.2 图所示。

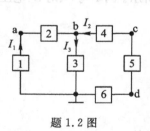

题 1.2 图

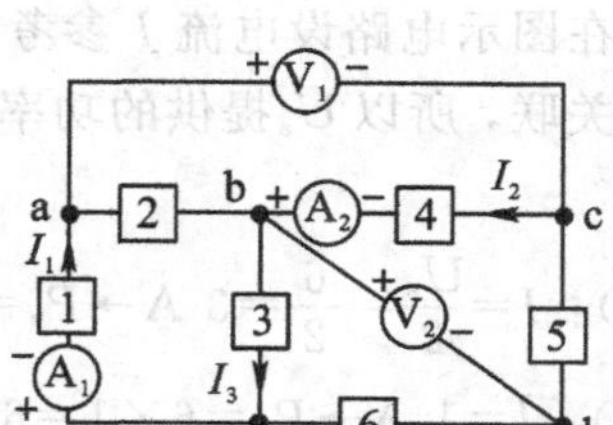

题解 1.2 图

（2）电压：

$$u_{ac}=V_a-V_c=8-(-3)=11 \text{ V}$$

$$u_{db}=V_d-V_b=-9-6=-15 \text{ V}$$

测量这两个电压，应将电压表Ⓥ、Ⓥ分别并联到 ac、bd 端，使直流电压表的正极接实际的高电位端，负极接实际的低电位端，如解题 1.2 图所示。

（3）根据元件 1、3、5 上电流、电压参考方向是否关联选用计算吸收功率的公式，再代入具体的电流、电压的数值，即得各元件上吸收的功率。设元件 1、3、5 上吸收的功率分别为 P_1、P_3、P_5，则

$$P_1 = -I_1 V_a = -3 \times 8 = -24 \text{ W}$$

$$P_3 = I_3 V_b = 1 \times 6 = 6 \text{ W}$$

$$P_5 = I_2 V_{dc} = I_2 (V_d - V_c) = -2 \times (-6) = 12 \text{ W}$$

1.3 图示一个 3 A 的理想电流源与不同的外电路相接，求 3 A 电流源在以下三种情况下供出的功率 P_s。

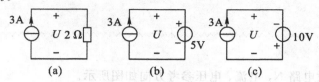

题解 1.3 图

解 在图示电路中设 3 A 电流源两端的电压 U 参考方向，如题解 1.3 图所示。U 与 3 A 电流源参考方向非关联，所以 3 A 电流源供出的功率

$$P = 3 \times U$$

图(a)：$U = 3 \times 2 = 6 \text{ V} \rightarrow P = 3 \times 6 = 18 \text{ W}$；

图(b)：$U = 5 \text{ V} \rightarrow P = 3 \times 5 = 15 \text{ W}$；

图(c)：$U = -10 \text{ V} \rightarrow P = 3 \times (-10) = -30 \text{ W}$。

1.4 图示一个 6 V 的理想电压源与不同的外电路相接，求 6 V 电压源在以下三种情况下提供的功率 P_s。

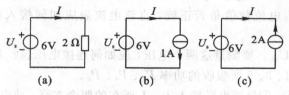

题解 1.4 图

解 在图示电路设电流 I 参考方向，如题解 1.4 图所示。因 I 与 U_s 对 U_s 电压源来说参考方向非关联，所以 U_s 提供的功率

$$P_s = U_s I$$

图(a)：$I = \dfrac{U_s}{2} = \dfrac{6}{2} = 3 \text{ A} \rightarrow P_s = 6 \times 3 = 18 \text{ W}$；

图(b)：$I = 1 \text{ A} \rightarrow P_s = 6 \times 1 = 6 \text{ W}$；

图(c)：$I = -2 \text{ A} \rightarrow P_s = 6 \times (-2) = -12 \text{ W}$。

1.5 图示为某电路的部分电路，各已知的电流及元件值已标示在图中，求电流 I、电压源 U_s 和电阻 R。

解 在图示电路上设节点 a、b、c、d，闭曲面 S 及电流 I_1、I_2、I_R 的参考方向，如题解 1.5 图所示。

由 KCL 推广，对闭曲面 S 列写电流方程。选取流出闭曲面 S 的电流取正号，所以有

$$-6 + 5 + I = 0$$

则

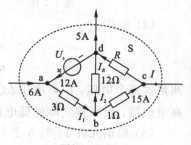

题解 1.5 图

$$I = 6 - 5 = 1 \text{ A}$$

对节点 a,有

$$-6 - 12 + I_1 = 0$$

所以

$$I_1 = 6 + 12 = 18 \text{ A}$$

对节点 b,有

$$-I_1 + I_2 + 15 = 0$$

所以

$$I_2 = I_1 - 15 = 3 \text{ A}$$

对节点 c,有

$$I + I_R - 15 = 0$$

所以

$$I_R = 15 - I = 15 - 1 = 14 \text{ A}$$

由 KVL,对回路 bcdb 列写方程

$$15 \times 1 + U_{cd} - 12 I_2 = 0$$

故得

$$U_{cd} = 12 \times 3 - 15 = 21 \text{ V}$$

应用欧姆定律,得电阻

$$R = \frac{U_{cd}}{I_R} = \frac{21}{14} = 1.5 \ \Omega$$

对回路 abda 列写 KVL 方程,有

$$3 I_1 + 12 I_2 - U_s = 0$$

所以

$$U_s = 3 I_1 + 12 I_2 = 3 \times 18 + 12 \times 3 = 90 \text{ V}$$

1.6 图示电路,求 ab 端开路电压 U_{ab}。

解 在图示电路中设电流 I、I_1 及回路 A,
如题解 1.6 图所示。由 KCL 推广形式可知 $I_1 = 0$;由 KVL 对回路 A 列方程,有

$$6I - 5 - 5 + 4I = 0$$

所以

$$I = \frac{5 + 5}{4 + 6} = 1 \text{ A}$$

自 a 点沿任何一条路径巡行至 b 点,沿途各段
电路电压之代数和即是电压 U_{ab}。故得

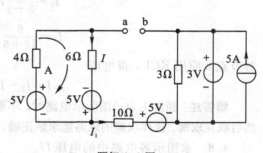

题解 1.6 图

$$U_{ab} = 6I - 5 + 10 I_1 + 5 - 3 = 3 \text{ V}$$

1.7 求图示各电路中的电流 I。

解 图(a)电路中,由 KVL,得

$$U = 2I - 2 = 6 \text{ V}$$

所以

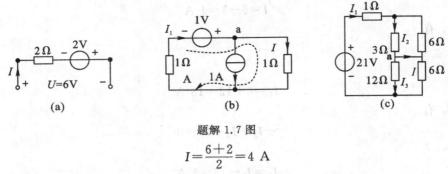

题解 1.7 图

$$I = \frac{6+2}{2} = 4 \text{ A}$$

图(b)电路中，设电流 I_1 节点 a 及回路 A，如题解 1.7 图(b)所示。对节点 a 列写 KCL 方程，可得

$$I_1 = 1 + I$$

对回路 A 列写 KVL 方程，有

$$-1 + 1 \times I + 1 \times (I+1) = 0$$

所以

$$I = 0$$

当然，本问亦可先将 1 Ω 电阻与 1 V 电压源的串联互换等效为电流源形式，再应用理想电流源并联等效得数值为零的电流源，应用电阻并联分流公式，得 $I=0$。注意，不要把1 A电流源与 1 Ω 电阻的并联互换等效为电压源，那样，电流 I 在等效图中消失了，只会使问题求解更加麻烦。

图(c)电路中，设电流 I_1、I_2、I_3 如题解 1.7 图(c)所示。应用电阻串并联等效，得电流

$$I_1 = \frac{21}{3 /\!/ 6 + 12 /\!/ 6 + 1} = 3 \text{ A}$$

再应用电阻并联分流公式，得

$$I_2 = \frac{6}{3+6} I_1 = \frac{2}{3} \times 3 = 2 \text{ A}$$

$$I_3 = \frac{6}{12+6} I_1 = \frac{1}{3} \times 3 = 1 \text{ A}$$

对节点 a 应用 KCL，得电流

$$I = I_2 - I_3 = 2 - 1 = 1 \text{ A}$$

解答注：题解 1.7(c)图所示电路时，不要设很多支路电流建立很多的 KCL、KVL 方程组，然后联立求解。这样求解的思路能求解正确，但费时费力，不如应用串并联等效求解简便。

1.8 求图示各电路中的电压 U。

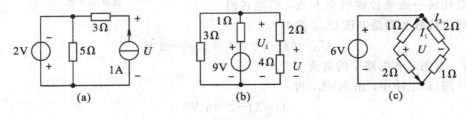

题解 1.8 图

解　图(a)：
$$U=1\times3-2=1\ \text{V}$$

图(b)：在图示电路中设电压 U_1 的参考方向，如题解 1.8 图(b)所示。应用电阻串并联等效及分压关系式，得电压
$$U_1=\frac{(2+4)\,/\!/\,3}{(2+4)\,/\!/\,3+1}\times9=6\ \text{V}$$

所以
$$U=\frac{4}{2+4}\times U_1=\frac{2}{3}\times6=4\ \text{V}$$

图(c)：在图示电路中设电流 I_1、I_2 的参考方向，如题解 1.8 图(c)所示。由电阻串联等效及欧姆定律，得电流
$$I_1=\frac{6}{1+2}=2\ \text{A}$$
$$I_2=\frac{6}{2+1}=2\ \text{A}$$

所以
$$U=2I_1-1\times I_2=2\times2-1\times2=2\ \text{V}$$

1.9　图示各电路，求：图(a)中电流源 I_s 产生的功率 P_s；图(b)中电压源 U_s 产生的功率 P_s。

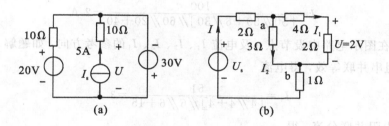

题解 1.9 图

解　图(a)：在图示电路中设电流源两端电压 U 参考方向，如题解 1.9 图(a)所示。由 KVL，显然有
$$U=5\times10-30=20\ \text{V}$$

考虑 U 与 I_s 参考方向非关联，所以 I_s 电流源产生的功率
$$P_s=UI_s=20\times5=100\ \text{W}$$

图(b)：在图示电路中设节点 a、b，电流 I、I_1、I_2 的参考方向，如题解 1.9 图(b)所示。由欧姆定律，得电流
$$I_1=\frac{U}{2}=\frac{2}{2}=1\ \text{A}$$

电压
$$U_{ab}=(4+2)I_1=6\times1=6\ \text{V}$$

电流
$$I_2=\frac{U_{ab}}{3}=\frac{6}{3}=2\ \text{A}$$

由 KCL，得电流
$$I=I_1+I_2=1+2=3 \text{ A}$$

由 KVL 及欧姆定律，得电压源
$$U_s=2I+U_{ab}+1\times I=2\times3+6+1\times3=15 \text{ V}$$

因 I 与 U_s 参考方向非关联，所以电压源 U_s 产生的功率
$$P_s=U_sI=15\times3=45 \text{ W}$$

1.10 求图示各电路中的电流 I。

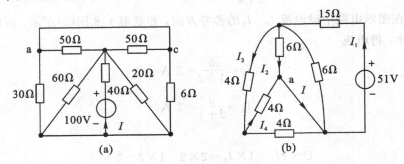

题解 1.10 图

解 图(a)：应用电阻串并联等效得电流
$$I=\frac{100}{[50 /\!/ 50+6 /\!/ 30] /\!/ 60 /\!/ 20+40}=2 \text{ A}$$

图(b)：在图示电路中设节点 a 及电流 I_1、I_2、I_3、I_4 的参考方向，如题解 1.10 图(b)所示。应用电阻串并联等效，得电流
$$I_1=\frac{51}{[4 /\!/ 4+4] /\!/ 6 /\!/ 6+15}=3 \text{ A}$$

由 3 个相等电阻并联分流，得
$$I_2=I_3=\frac{1}{3}I_1=\frac{1}{3}\times3=1 \text{ A}$$

再由 2 个电阻并联分流，得电流
$$I_4=\frac{4}{4+4}I_3=\frac{1}{2}\times1=0.5 \text{ A}$$

对节点 a 应用 KCL，得
$$I=I_2+I_4=1+0.5=1.5 \text{ A}$$

1.11 图示直流电路，图中电压表、电流表均是理想的，并已知电压表读数为 30 V。试问：

(1) 电流表的读数为多少？并标明电流表的极性。

(2) 电压源 U_s 产生的功率 P_s 为多少？

解 用短路线将图示电路中两处接地点连在一起，并设 a、b 点，电流 I、I_1、I_2 参考方向，如题解 1.11 图所示。由图可见，电流表所在支路的 10 kΩ 电阻同与电压表相并的 30 kΩ 电阻是串联关系。因电压表读数是30 V，所以

$$I_1 = \frac{30}{30} = 1 \text{ mA}$$

由此可见,电流表的读数应是 1 mA,其极性如题解1.11
图所示。

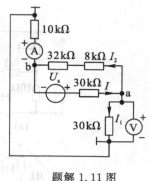

题解 1.11 图

由欧姆定律得电压

$$U_{ab} = (30+10) \times I_1 = 40 \times 1 = 40 \text{ V}$$

电流为

$$I_2 = \frac{U_{ab}}{32+8} = \frac{40}{40} = 1 \text{ mA}$$

应用 KCL,由节点 a 得电流

$$I = I_1 + I_2 = 1 + 1 = 2 \text{ mA}$$

又由电压

$$U_{ab} = -30I + U_s = 40 \text{ V}$$

所以

$$U_s = 40 + 30I = 40 + 30 \times 2 = 100 \text{ V}$$

考虑 U_s 所标极性、I 的参考方向对 U_s 来说非关联,所以它产生的功率为

$$P_s = U_s I = 100 \times 2 = 200 \text{ mW}$$

1.12 图示电路,求电流 I、电位 V_a、电压源 U_s。

解 在图示电路中画封闭曲面 S,设回路Ⅰ、Ⅱ和电
流 I、I_1 参考方向如题解 1.12 图中所示。由 KCL 推广可知
$I_1 = 0$,应用 KVL,由回路Ⅰ求得电压源

$$U_s = (2+1+3) \times 2 = 12 \text{ V}$$

由回路Ⅱ求得电流

$$I = \frac{6}{5} = 1.2 \text{ A}$$

所以节点 a 电位

$$V_a = 2 \times 1 + 5 - 6 = 1 \text{ V}$$

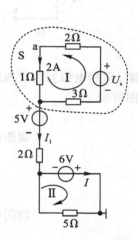

题解 1.12 图

1.13 求图示各电路 ab 端的等效电阻 R_{ab}。

解 应用电阻串、并联等效(特别注意对短路线的处
理)求得题 1.13 图中各个 ab 端的等效电阻分别为

图(a):$R_{ab} = [3 /\!/ 6 + 10] /\!/ 6 = 4 \ \Omega$

图(b):$R_{ab} = [3 /\!/ 6 + 3 /\!/ 6] /\!/ 4 = 2 \ \Omega$

图(c):$R_{ab} = [20 /\!/ 20 + 20] /\!/ 60 /\!/ 20 = 10 \ \Omega$

图(d):$R_{ab} = 3 /\!/ 6 /\!/ 2 /\!/ 1 = 0.5 \ \Omega$

图(e):$R_{ab} = 3 /\!/ 3 /\!/ 3 = 1 \ \Omega$

图(f):$R_{ab} = 4 /\!/ 12 + 3 /\!/ 6 = 5 \ \Omega$

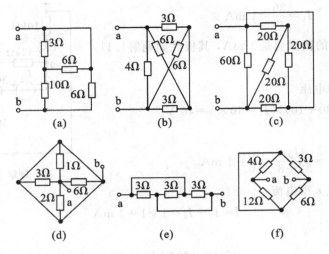

题 1.13 图

1.14 将题 1.14 图所示各电路的 ab 端化为最简形式的等效电压源形式和等效电流源形式。

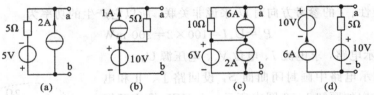

题 1.14 图

解 应用电源互换及理想电源的串联与并联等效,本题中各图示电路等效过程如题解 1.14 图所示。

题图(a) = 题图(b) = 题图(c) = 题图(d) =

题解 1.14 图

1.15 求：图(a)电路中的电流 I_3；图(b)电路中 2 mA 电流源产生的功率 P_s。

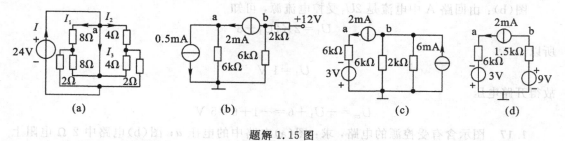

题解 1.15 图

解 图(a)：在图示电路中设节点 a 及电流 I、I_1、I_2 的参考方向，如题解 1.15(a)图所示。应用电阻串并联等效求得电流

$$I=\frac{24}{[8//8+2]//[4//4+2]}=\frac{24}{2.4}=10\ \text{A}$$

再应用电阻并联分流公式，得电流

$$I_1=\frac{4//4+2}{[8//8+2]+[4//4+2]}\times I\times\frac{8}{8+8}=\frac{4}{6+4}\times10\times\frac{1}{2}=2\ \text{A}$$

$$I_2=\frac{8//8+2}{[8//8+2]+[4//4+2]}\times I\times\frac{4}{4+4}=\frac{6}{6+4}\times10\times\frac{1}{2}=3\ \text{A}$$

对节点 a 应用 KCL，得电流

$$I_3=I-I_1-I_2=10-2-3=5\ \text{A}$$

图(b)：应用电源互换及电阻并联等效将原电路等效为题解 1.15 图(c)、图(d)。所以

$$V_a=2\times6-3=9\ \text{V}$$

$$V_b=-1.5\times2+9=6\ \text{V}$$

则电压

$$U_{ab}=V_a-V_b=9-6=3\ \text{V}$$

故得 2 mA 电流源产生功率

$$P_s=U_{ab}\times2=3\times2=6\ \text{mW}$$

1.16 图示含有受控源的电路，求：图(a)电路中的电流 i；图(b)电路中的开路电压 U_{oc}。

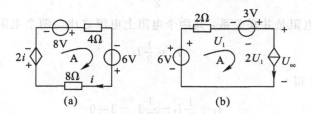

题解 1.16 图

解 图(a)：在图示电路中选择回路 A 巡行方向，如题解 1.16(a)图所示。由 KVL 写方程为

$$4i-6+8i+2i-8=0$$

故得

$$i = 1\ \text{A}$$

图(b)：由回路 A 中电流是 $2U_1$ 受控电流源，可知

$$U_1 = 2 \times 2U_1 - 3$$

所以

$$U_1 = 1\ \text{V}$$

故得开路电压

$$U_{oc} = -U_1 + 6 = -1 + 6 = 5\ \text{V}$$

1.17 图示含有受控源的电路，求：图(a)电路中的电压 u；图(b)电路中 $2\ \Omega$ 电阻上消耗的功率 P_R。

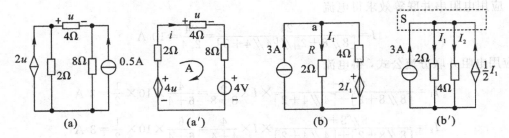

题解 1.17 图

解 图（a）：应用电源互换将图(a)等效为题解 1.17 图(a′)，设回路 A 及电流 i 如题解 1.17(a′)图中所示。写回路 A 的 KVL 方程，有

$$2i + u + 8i + 4 - 4u = 0$$

又由欧姆定律，知

$$i = \frac{1}{4}u$$

将 i 代入上式，解得

$$u = 8\ \text{V}$$

图（b）：将图(b)中受控电压源互换等效为受控电流源，画闭曲面 S 并设电流 I_2 如题解图 1.17(b′)中所示。对闭曲面 S 列写 KCL 方程，有

$$I_1 + I_2 - \frac{1}{2}I_1 - 3 = 0 \tag{1}$$

因 $2\ \Omega$ 电阻与 $4\ \Omega$ 电阻是并联关系，其两个电阻上电流之比与两个电阻阻值成反比，于是可得

$$I_2 = \frac{1}{2}I_1 \tag{2}$$

将式(2)代入式(1)，得

$$I_1 + \frac{1}{2}I_1 - \frac{1}{2}I_1 - 3 = 0$$

所以

$$I_1 = 3\ \text{A}$$

故得 $2\ \Omega$ 电阻上消耗功率

$$P_R = I_1^2 R = 3^2 \times 2 = 18\ \text{W}$$

1.18 题 1.18 图所示电路，已知 $U=3$ V，求电阻 R。

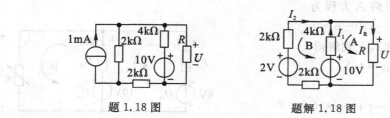

题 1.18 图   题解 1.18 图

解 将电流源互换为电压源，在图中设电流 I_1、I_2、I_R，并选回路 A、B，如题解 1.18 图所示。对回路 A 列写 KVL 方程，有

$$U=-4I_1+10=3\rightarrow I_1=\frac{7}{4}\text{ mA}$$

对回路 B 列写 KVL 方程，有

$$U=-4I_2+2=3\rightarrow I_2=-\frac{1}{4}\text{ mA}$$

由 KCL，得

$$I_R=I_1+I_2=\frac{7}{4}-\frac{1}{4}=1.5\text{ mA}$$

应用欧姆定律求得

$$R=\frac{U}{I_R}=\frac{3}{1.5}=2\text{ k}\Omega$$

1.19 图示电路，已知图中电流 $I_{ab}=1$ A，求电压源 U_s 产生的功率 P_s。

解 在图示电路中设电流 I、I_1、I_2，如题解 1.19 图所示。应用电阻串并联等效求得电流

$$I=\frac{U_s}{6//12+6//3+4}=\frac{1}{10}U_s$$

应用电阻并联分流公式，得

$$I_1=\frac{12}{6+12}\times I=\frac{2}{30}U_s$$

$$I_2=\frac{3}{6+3}\times I=\frac{1}{30}U_s$$

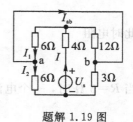

题解 1.19 图

对节点 a 应用 KCL 并代入已知条件，得

$$I_{ab}=I_1-I_2=\frac{2}{30}U_s-\frac{1}{30}U_s=\frac{1}{30}U_s=1\text{ A}$$

所以

$$U_s=30\text{ V},\quad I=\frac{U_s}{10}=\frac{30}{10}=3\text{ A}$$

电压源 U_s 产生的功率

$$P_s=U_sI=30\times3=90\text{ W}$$

1.20 本来两电池组外特性完全相同，并联向负载供电。但由于实际使用较长时间之后，两电池组外特性发生变化。试问：R 为何值时两电池组中电流相等？R 又为何值时，一个电池组中电流为零？

解 在图示电路中设电流 i_1、i_2、i_3、电压 u 参考方向及回路 A、B，如题解 1.20 图所示。由 KVL 列写回路 A 方程为

$$1 \times i_1 - 2i_2 + 10 - 6 = 0$$

考虑 $i_1 = i_2$ 条件，代入上式解得

$$i_1 = i_2 = 4 \text{ A}$$

由 KCL 得

$$i_3 = i_1 + i_2 = 4 + 4 = 8 \text{ A}$$

又

$$u = Ri_3 = 8R = -i_1 \times 1 + 6 = -4 + 6 = 2 \text{ V}$$

所以此时电阻

$$R = \frac{u}{i_3} = \frac{2}{8} = 0.25 \ \Omega$$

故当 $R = 0.25 \ \Omega$ 时两电池组中电流相等。

又由图示电路分析：R 改变到某数值时只有 i_1 有可能为零。为什么？这是因为：若 $i_2 = 0 \to u = 10$ V，i_1 只能为负值，本电路只有两个电源，U_{s2} 供出的电流假设为零，U_{s1} 电源不可能供出电流为负值，所以此种情况不可能发生。

因 $i_1 = 0$，所以

$$u = -i_1 \times 1 + 6 = 6 \text{ V}$$

而由回路 B 列写 KVL 方程为

$$u = -2i_2 + 10 = 6 \text{ V}, \text{ 解得 } i_2 = 2 \text{ A}$$

由 KCL 得

$$i_3 = i_1 + i_2 = 0 + 2 = 2 \text{ A}$$

又由欧姆定律

$$u = Ri_3 = 6 \text{ V}$$

故得此时电阻

$$R = \frac{u}{i_3} = \frac{6}{2} = 3 \ \Omega$$

所以当 $R = 3 \ \Omega$ 时，一个电池组即 6 V 电池组中电流为零。

第 2 章　电阻电路分析

2.1　图示电路，求支路电流 I_1、I_2 和 I_3。

解　① 应用支路电流法求解。对节点 a 列写 KCL 方程

$$-I_1-I_2+I_3=0 \tag{1}$$

对回路 A、B 分别列写 KVL 方程

$$7I_1-11I_2+0I_3=64 \tag{2}$$

$$0I_1+11I_2+7I_3=6 \tag{3}$$

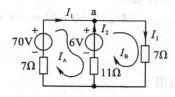

题解 2.1 图

应用克莱姆法则求联立式(1)、式(2)和式(3)，Δ、Δ_1、Δ_2、Δ_3 分别为

$$\Delta=\begin{vmatrix} -1 & -1 & 1 \\ 7 & -11 & 0 \\ 0 & 11 & 7 \end{vmatrix}=203,\qquad \Delta_1=\begin{vmatrix} 0 & -1 & 1 \\ 64 & -11 & 0 \\ 6 & 11 & 7 \end{vmatrix}=1218$$

$$\Delta_2=\begin{vmatrix} -1 & 0 & 1 \\ 7 & 64 & 0 \\ 0 & 6 & 7 \end{vmatrix}=-406,\qquad \Delta_3=\begin{vmatrix} -1 & -1 & 0 \\ 7 & -11 & 64 \\ 0 & 11 & 6 \end{vmatrix}=812$$

所以各电流分别为

$$I_1=\frac{\Delta_1}{\Delta}=\frac{1218}{203}=6\text{ A},\qquad I_2=\frac{\Delta_2}{\Delta}=\frac{-406}{203}=-2\text{ A},\qquad I_3=\frac{\Delta_3}{\Delta}=\frac{812}{203}=4\text{ A}$$

② 应用网孔法求解。设网孔电流 I_A、I_B 如题解 2.1 图中所示。列写网孔方程

$$\begin{cases} 18I_A-11I_B=64 \\ -11I_A+18I_B=6 \end{cases}$$

应用克莱姆法则求解以上方程组

$$\Delta=\begin{vmatrix} 18 & -11 \\ -11 & 18 \end{vmatrix}=203$$

$$\Delta_A=\begin{vmatrix} 64 & -11 \\ 6 & 18 \end{vmatrix}=1218,\qquad \Delta_B=\begin{vmatrix} 18 & 64 \\ -11 & 6 \end{vmatrix}=812$$

所以

$$I_A=\frac{\Delta_A}{\Delta}=\frac{1218}{203}=6\text{ A}$$

$$I_B=\frac{\Delta_B}{\Delta}=\frac{812}{203}=4\text{ A}$$

由图中所示各支路电流参考方向及求解出的网孔电流，可得电流

$$I_1 = I_A = 6 \text{ A}$$
$$I_2 = -I_A + I_B = -6 + 4 = -2 \text{ A}$$
$$I_3 = I_B = 4 \text{ A}$$

2.2 图示电路，已知 $I = 2$ A，求电阻 R。

解 在图示电路中设节点 a、b 及电流 I_1，如题解 2.2 图
所示。由 KCL 得电流

$$I_1 = 3 - I = 3 - 2 = 1 \text{ A}$$

由 KVL 得电压

$$U_{ab} = -3 + 2I = -3 + 2 \times 2 = 1 \text{ V}$$

又

$$U_{ab} = RI_1 - 2 = 1 \text{ V}$$

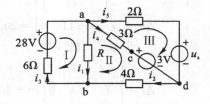

题解 2.2 图

所以电阻

$$R = \frac{U_{ab} + 2}{I_1} = \frac{1 + 2}{1} = 3 \ \Omega$$

2.3 已知图示电路中，支路电流 $i_1 = 2$ A，$i_2 = 1$ A，求电压 u_{bc}、电阻 R 及电压源 u_s。

解 在图示电路中选回路 I、II 和 III，并设
电流 i_3、i_4、i_5，如题解 2.3 图所示。根据 KCL，
由节点 b 得

$$i_3 = i_1 + i_2 = 2 + 1 = 3 \text{ A}$$

据 KVL，由回路 I 得电压

$$u_{ab} = 28 - 6i_3 = 28 - 6 \times 3 = 10 \text{ V}$$

题解 2.3 图

所以，由欧姆定律得电阻

$$R = \frac{u_{ab}}{i_1} = \frac{10}{2} = 5 \ \Omega$$

由回路 II，得电压

$$u_{bc} = -4i_2 - 3 = -4 \times 1 - 3 = -7 \text{ V}$$
$$u_{ad} = u_{ab} - 4i_2 = 10 - 4 \times 1 = 6 \text{ V}$$

又

$$u_{ad} = 3i_4 + 3 = 6 \text{ V}$$

所以电流

$$i_4 = \frac{6 - 3}{3} = 1 \text{ A}$$

再根据 KCL，由节点 a 得电流

$$i_5 = i_3 - i_1 - i_4 = 3 - 2 - 1 = 0$$

故得电压源

$$u_s = -2i_5 + u_{ad} = -2 \times 0 + 6 = 6 \text{ V}$$

— 74 —

2.4 图示电路，求电位 V_a、V_b。

解 对节点 a、b 列写节点方程

$$\begin{cases} \left(\dfrac{1}{3}+\dfrac{1}{1}\right)V_a - \dfrac{1}{1}V_b = 4-2 \\ -\dfrac{1}{1}V_a + \left(\dfrac{1}{1}+\dfrac{1}{2}\right)V_b = 2+\dfrac{4}{2}-4 \end{cases}$$

整理得

$$\begin{cases} 4V_a - 3V_b = 6 \\ -2V_a + 3V_b = 0 \end{cases}$$

解方程组，得

$$V_a = 3 \text{ V}, \quad V_b = 2 \text{ V}$$

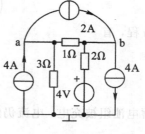

题解 2.4 图

2.5 图示电路中，负载电阻 R_L 是阻值可变的电气设备。它由一台直流发电机和一串联蓄电池组并联供电。蓄电池组常接在电路内。当用电设备需要大电流（R_L 值变小）时，蓄电池组放电；当用电设备需要小电流（R_L 值变大）时，蓄电池组充电。假设 $u_{s1}=40$ V，内阻 $R_{s1}=0.5$ Ω，$u_{s2}=32$ V，内阻 $R_{s2}=0.2$ Ω。

（1）如果用电设备的电阻 $R_L=1$ Ω，求负载吸收的功率和蓄电池组所在支路的电流 i_1。这时蓄电池组是充电还是放电？

（2）如果用电设备的电阻 $R_L=17$ Ω，再求负载吸收的功率和蓄电池组所在支路的电流 i_1。则这时蓄电池组是充电还是放电？

解 在图示电路中，选择上、下两点为节点1、2，并设节点 2 接地，节点 1 的电位为 V_1，如题解 2.5 图所示。

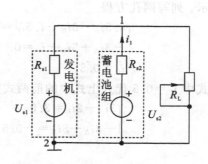

题解 2.5 图

若 $V_1 < U_{s2}$，则 $i_1 > 0$，此时蓄电池组放电；若 $V_1 > U_{s2}$，则 $i_1 < 0$，此时蓄电池组充电。

列写节点方程

$$\left(\dfrac{1}{R_{s1}}+\dfrac{1}{R_{s2}}+\dfrac{1}{R_L}\right)V_1 = \dfrac{u_{s1}}{R_{s1}}+\dfrac{u_{s2}}{R_{s2}} \tag{1}$$

代入已知数据，即得

$$\left(\dfrac{1}{0.5}+\dfrac{1}{0.2}+\dfrac{1}{1}\right)V_1 = \dfrac{40}{0.5}+\dfrac{32}{0.2}$$

整理方程，有

$$8V_1 = 240$$

所以

$$V_1 = 30 \text{ V}$$

此时蓄电池组放电，放电电流为

$$i_1 = \dfrac{u_{s2}-V_1}{R_{s1}} = \dfrac{32-30}{0.2} = 10 \text{ A}$$

这时负载 R_L 上吸收的功率

$$P_L = \dfrac{V_1^2}{R_L} = \dfrac{30^2}{1} = 900 \text{ W}$$

将已知数据代入式(1)，有

$$\left(\frac{1}{0.5}+\frac{1}{0.2}+\frac{1}{17}\right)V_1=\frac{40}{0.5}+\frac{32}{0.2}$$

整理方程，有

$$120V_1=4080$$

所以

$$V_1=34\ \text{V}$$

这时蓄电池组被充电。电流仍然是原来的参考方向，所以电流

$$i_1=\frac{u_{s2}-V_1}{R_{s1}}=\frac{32-34}{0.2}=-10\ \text{A}$$

这时负载 R_L 上吸收的功率

$$P_L=\frac{V_1^2}{R_L}=\frac{34^2}{17}=68\ \text{W}$$

2.6 求图示电路中负载电阻 R_L 上吸收的功率 P_L。

解 在图示电路中设网孔电流 i_A、i_B、i_C，如题解 2.6 图所示。列写网孔方程

$$\begin{cases}4.5i_A-3i_B+1.5i_C=6\\-3i_A+5i_B+i_C=0\\i_C=0.5\end{cases}$$

将上式中 $i_C=0.5$ 代入上式中的前两式并整理，得

$$\begin{cases}3i_A-2i_B=3.5\\-3i_A+5i_B=-0.5\end{cases}$$

解得

$$i_B=1\ \text{mA},\ i_L=i_B=1\ \text{mA}$$

所以负载 R_L 上吸收的功率

$$P_L=R_L i_L^2=1\times1^2=1\ \text{mW}$$

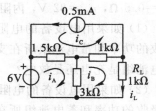

题解 2.6 图

2.7 图示电路中含有一电流控制电压源，试求该电路中的电压 u 和电流 i。

解 在图示电路中设网孔电流 i_A、i_B 及支路电流 i_1，如题解 2.7 图所示。由图可知

$$i_A=i,\ i_B=6\ \text{A}$$

列写网孔 A 的方程

$$4i_A+3\times6=12-2i=12-2i_A$$

解得

$$i_A=-1\ \text{A}$$

即得

$$i=i_A=-1\ \text{A}$$

由 KCL，得

$$i_1=i+6=-1+6=5\ \text{A}$$

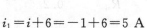

题解 2.7 图

所以

$$u=3i_1=3\times5=15\text{ V}$$

2.8 求图示电路中的电压 u。

解 在图示电路中设节点 a、b、c、d，选节点 d 作为参考点，如题解 2.8 图所示。设节点 a、b、c 的电位分别为 V_1、V_2、V_3，由图可知

$$V_1=-6\text{ V},\ V_2=12\text{ V}$$

列写节点 c 的方程

$$\left(\frac{1}{20}+\frac{1}{8}\right)V_3-\frac{1}{8}\times12=-5$$

即

$$7V_3=-140$$

所以

$$V_3=-20\text{ V}$$

所求电压

$$u=-V_3=20\text{ V}$$

2.9 用叠加定理求图(a)中的电压 u 和图(b)中的电流 I。

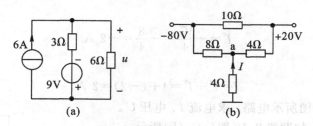

题 2.9 图

解 将图(a)电路分解为为图(a′)、图(a″)，将图(b)电路分解为图(b′)、图(b″)，如题解 2.9 图所示。

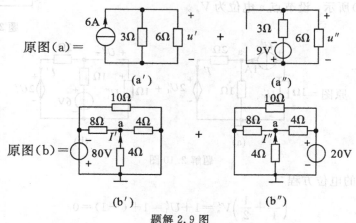

题解 2.9 图

图(a′)中

$$u'=[3\mathbin{/\!/}6]\times6=12\text{ V}$$

图(a″)中

$$u''=-\frac{6}{3+6}\times 9=-6 \text{ V}$$

所以

$$u=u'+u''=12+(-6)=6 \text{ V}$$

图(b′)中，列写节点 a 的方程

$$\left(\frac{1}{8}+\frac{1}{4}+\frac{1}{4}\right)V'_{a}-\frac{1}{8}(-80)=0$$

解得

$$V'_{a}=-16 \text{ V}$$

电流为

$$I'=-\frac{V'_{a}}{4}=-\frac{-16}{4}=4 \text{ A}$$

图(b″)中，列写节点 a 的方程

$$\left(\frac{1}{8}+\frac{1}{4}+\frac{1}{4}\right)V''_{a}-\frac{1}{4}(20)=0$$

解得

$$V''_{a}=8 \text{ V}$$

电流为

$$I''=-\frac{V''_{a}}{4}=-\frac{8}{4}=-2 \text{ A}$$

所以

$$I=I'+I''=4+(-2)=2 \text{ A}$$

2.10 题 2.10 图所示电路，求电流 I、电压 U。

解 画分解图，如题解 2.10 图(a)、(b)所示。

显然，从图(a)中可以看出

$$U'_{1}=-1\times 1=-1 \text{ V}$$

选参考点如图(a)所示，设节点 a 电位为 V'_{a}。

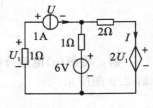

题 2.10 图

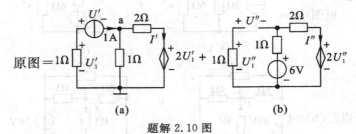

原图 =

(a)　　　　　　　　(b)

题解 2.10 图

列写节点 a 的电位方程

$$\left(\frac{1}{1}+\frac{1}{2}\right)V'_{a}=1+U'_{1}=1+(-1)=0$$

所以

$$V'_{a}=0$$

$$V'_a = -U' + U'_1 = 0$$

解得
$$U' = U'_1 = -1 \text{ V}$$

$$I' = \frac{V'_a - 2U'_1}{2} = \frac{0 - 2 \times (-1)}{2} = 1 \text{ A}$$

图(b)中，显然
$$U''_1 = 0$$

受控电压源 $2U''_1 = 0$，将其短路，则电流

$$I'' = \frac{6}{1+2} = 2 \text{ A}$$

电压为
$$U'' = U''_1 - 6 + 2I'' = 0 - 6 + 2 \times 2 = -2 \text{ V}$$

故由叠加定理，得电流

$$I = I' + I'' = 1 + 2 = 3 \text{ A}$$

得电压
$$U = U' + U'' = -1 + (-2) = -3 \text{ V}$$

2.11 题 2.11 图所示电路，应用替代定理与电源互换等效求电压 U。

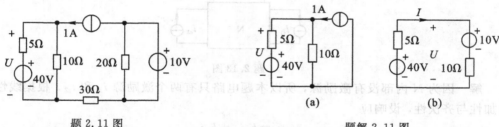

题 2.11 图　　　　　　　　　　题解 2.11 图

解 应用替代定理将原电路等效为题解 2.11 图(a)，再应用电源互换将图(a)等效为图(b)。由图(b)容易求得电流

$$I = \frac{40-10}{10+5} = 2 \text{ A}$$

所以电压
$$U = 10 + 10I = 10 + 10 \times 2 = 30 \text{ V}$$

2.12 图示电路，已知 $u_{ab} = 0$，求电阻 R。

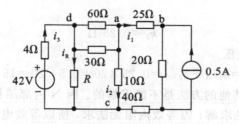

题解 2.12 图

解 在图示电路中设节点 c、d 和电流 i_1、i_2、i_3，如题解 2.12 图所示。因为 $u_{ab} = 0$，所以 $i_1 = 0$，故

$$u_{ac} = 20 \times 0.5 = 10 \text{ V}$$

$$i_2 = \frac{u_{ac}}{10} = \frac{10}{10} = 1 \text{ A}$$

电压

$$u_{dc} = (60 /\!/ 30 + 10)i_2 = 30 \times 1 = 30 \text{ V}$$

电流

$$i_3 = \frac{42 - u_{dc}}{4} = \frac{42 - 30}{4} = 3 \text{ A}$$

由 KCL 得

$$i_R = i_3 - i_2 = 3 - 1 = 2 \text{ A}$$

所以

$$R = \frac{u_{dc}}{i_R} = \frac{30}{2} = 15 \text{ } \Omega$$

2.13 图示电路，若 N 为只含有电阻的线性网络，已知 $i_{s1} = 8$ A，$i_{s2} = 12$ A 时，$u_x = 8$ V；当 $i_{s1} = -8$ A，$i_{s2} = 4$ A 时，$u_x = 0$，求当 $i_{s1} = i_{s2} = 20$ A 时，u_x 等于多少？

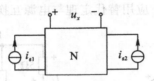

题 2.13 图

解 因为 N 内部没有激励源，所以本题电路只有两个激励源 i_{s1} 和 i_{s2}。根据线性电路叠加性与齐次性，设响应

$$u_x = k_1 i_{s1} + k_2 i_{s2}$$

代入已知的条件，得

$$\begin{cases} k_1 \times 8 + k_2 \times 12 = 8 \\ k_1 \times (-8) + k_2 \times 4 = 0 \end{cases} \tag{1}$$

将式(1)中的两式相加，得

$$16k_2 = 8$$

解得

$$k_2 = 0.5 \text{ } \Omega$$

将 k_2 之值代入式(1)，得

$$k_1 = 0.25 \text{ } \Omega$$

故，当 $i_{s1} = i_{s2} = 20$ A 时电压

$$u_x = k_1 i_{s1} + k_2 i_{s2} = 0.25 \times 20 + 0.5 \times 20 = 15 \text{ V}$$

注意：对这种题型，其他的方法是不能求解的。因 N 内部结构不知道，所以无法排列方程，节点法、网孔法无法求解；因等效内阻无法求，所以等效电源定理也不能求解。以后遇到这种题型，一定应用叠加定理与齐次定理结合求解，切记！

2.14 题 2.14 图所示电路，求图(a)电路中 $R_L = 1$ Ω 上消耗的功率 P_L 及图(b)电路中电流 I。

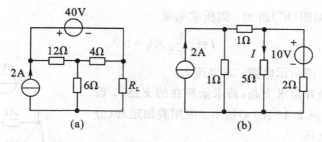

(a)

(b)

题 2.14 图

解 图(a)：自 ab 端断开 R_L，并设开路电压 U_{oc}，如题解 2.14 图(a)中的图(a')所示。应用叠加定理(分解图略)求得

$$U_{oc} = 2 \times (12 /\!/ 4 + 6) - \frac{4}{12+4} \times 40 = 8 \text{ V}$$

将图(a')中理想电压源短路，理想电流源开路变为图(a")，则

$$R_o = 12 /\!/ 4 + 6 = 9 \ \Omega$$

画出戴维宁等效源，再接上 R_L，如图(a‴)所示，容易求得

$$I_L = \frac{U_{oc}}{R_o + R_L} = \frac{8}{9+1} = 0.8 \text{ A}$$

所以负载电阻 R_L 上消耗的功率

$$P_L = R_L I_L^2 = 1 \times 0.8^2 = 0.64 \text{ W}$$

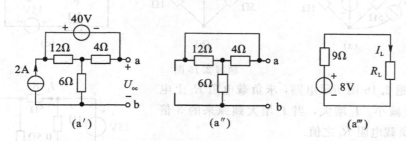

(a')

(a")

(a‴)

题解 2.14 图(a)

图(b)：自 ab 端断开待求支路 $5 \ \Omega$ 电阻，并设短路电流 I_{sc}，如题解图 2.14(b)图(b')中所示。显然，应用叠加定理(分解图略)容易求得短路电流

$$I_{sc} = \frac{10}{2} + \frac{1}{1+1} \times 2 = 6 \text{ A}$$

将图(b')中 2 A 电流源开路、10 V 电压源短路，ab 端短路线打开，如图(b")所示。则等效电源内阻

$$R_o = (1+1) /\!/ 2 = 1 \ \Omega$$

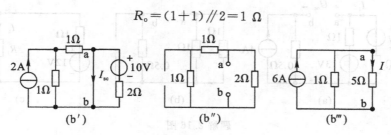

(b')

(b")

(b‴)

题解 2.14 图(b)

画诺顿等效电源，如图(b‴)所示。则所求电流

$$I=\frac{1}{1+5}\times 6=1\ \mathrm{A}$$

2.15 题 2.15 图所示电路，求电流 i。

解 自 ab 端断开待求支路(待求量所在的支路)，设开路电压 u_{oc}，如题解 2.15 图(a)所示。应用叠加定理(分解图略)求得开路电压

$$u_{oc}=-\frac{5}{5+5}\times 15+\frac{1}{1+1}\times 15+6\times\frac{5\times 5}{5+5}=15\ \mathrm{V}$$

将图(a)中电压源短路、电流源开路，变为图(b)。在图(b)中，应用电阻串并联等效求得

$$R_o=5/\!/5+1/\!/1=3\ \Omega$$

画出戴维宁等效源并接上断开的待求支路，如图(c)所示。应用 KVL 可求得电流

$$i=\frac{15-9}{3+3}=1\ \mathrm{A}$$

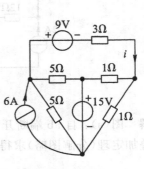

题 2.15 图

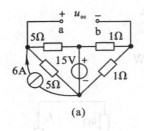 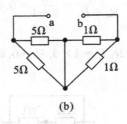 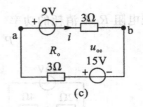

    (a)   (b)   (c)

题解 2.15 图

2.16 题 2.16 图所示电路，求负载电阻 R_L 上电流 I_L；若 R_L 减小，I_L 增大，当 I_L 增大到原来的 3 倍时，求此时负载电阻 R_L 之值。

解 自 ab 端断开 R_L，并设 U_{oc} 及 I_1 参考方向如题解 3.16 图(a)所示，有

$$I_1=\frac{15-13}{1+1}=1\ \mathrm{A}$$

所以开路电压为

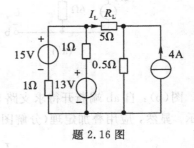

题 2.16 图

$$U_{oc}=1\times I_1+13-0.5\times 4=1\times 1+13-2=12\ \mathrm{V}$$

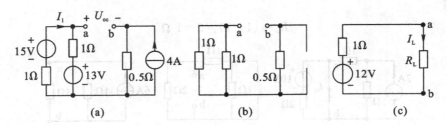

    (a)   (b)   (c)

题解 2.16 图

将图(a)中理想电压源短路，理想电流源开路变为图(b)，则
$$R_o = 1 /\!/ 1 + 0.5 = 1 \ \Omega$$
画出戴维宁等效源再接上 R_L，如图(c)所示。有

$$I_L = \frac{U_{oc}}{R_o + R_L} = \frac{12}{1 + R_L} \tag{1}$$

所以当 $R_L = 5 \ \Omega$ 时可算得此时电流
$$I_L = \frac{12}{1+5} = 2 \ \text{A}$$

若 R 减小，则负载电流增大，根据本题中的要求，当负载上电流增大到原来的 3 倍时，可由式(1)求得此时的负载电阻
$$I_L = 3 \times 2 = 6 \ \text{A}$$
$$\frac{12}{1 + R_L} = 6 \rightarrow R_L = 1 \ \Omega$$

2.17 题 2.17 图所示电路，负载电阻 R_L 可任意改变，问 R_L 为何值时其上可获得最大功率，并求出该最大功率 P_{Lmax}。

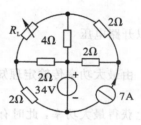
题 2.17 图

解 自 ab 端断开 R_L，设 u_{oc} 如题解 2.17 图(a)所示。应用叠加定理（分解图略）可求得

$$u_{oc} = \frac{2}{2+2} \times 34 + \frac{2}{2+2+4} \times 7 \times 4 = 24 \ \text{V}$$

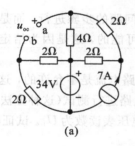
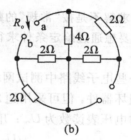

题解 2.17 图

将图(a)中理想电压源短路、理想电流源开路，变为图(b)。于是可求得
$$R_o = 2 /\!/ 2 + 4 /\!/ (2 + 2) = 3 \ \Omega$$

根据最大功率传输定理可知，当
$$R_L = R_o = 3 \ \Omega$$
时，负载 R_L 上能获得最大功率。此时
$$P_{Lmax} = \frac{u_{oc}^2}{4R_o} = \frac{24^2}{4 \times 3} = 48 \ \text{W}$$

2.18 题 2.18 图所示电路，已知当 $R_L = 4 \ \Omega$ 时，电流 $I_L = 2 \ \text{A}$。若改变 R_L，问 $R_L = ?$ 时其上可获得最大功率，并求出该最大功率 P_{Lmax}。

解 自 ab 端断开负载电阻 R_L，并将电压源 U_{s1}、U_{s2} 短路，如题解 2.18 图(a)所示。应用电阻串并联等效求得

$$R_o = 2 /\!/ 2 + 1 = 2 \ \Omega$$

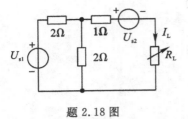

题 2.18 图

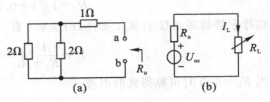

(a)　　　　　　(b)

题解 2.18 图

画戴维宁等效电源并接上 R_L，如图(b)所示，图中的 U_{oc} 未知，电流

$$I_L = \frac{U_{oc}}{R_o + R_L} = \frac{U_{oc}}{2 + R_L}$$

将已知条件代入上式，有

$$I_L = \frac{U_{oc}}{2 + 4} = 2 \ \text{A}$$

所以开路电压

$$U_{oc} = 12 \ \text{V}$$

由最大功率传输定理知，当

$$R_L = R_o = 2 \ \Omega$$

其上获得最大功率，此时有

$$P_{L\max} = \frac{U_{oc}^2}{4R_o} = \frac{12^2}{4 \times 2} = 18 \ \text{W}$$

注意：本题求解不是按"常规"的戴维宁定理求解问题的步骤进行，而是先求等效内阻 R_o。读者须知，要想通过给定条件求得 U_{s1}、U_{s2} 是不可能的，这是因为给定的是一个条件而待求量是多个。

2.19　在一些电子线路中测试网络两端子间的短路电流是不允许的，这是因为有时因端子间短接会损坏器件，但可采用题 2.19 图所示的电路进行测试（这种方法常被采用）：当开关 S 置 1 位时电压表读数为 U_{oc}；开关 S 置 2 位时电压表读数为 U_1。试证明网络 N 对 ab 端的戴维宁等效电源的内阻 $R_o = \left(\dfrac{U_{oc}}{U_1} - 1 \right) R_L$。

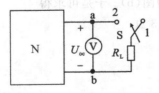

题 2.19 图

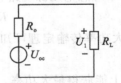

题解 2.19 图

证明：对网络 N 的 ab 端画戴维宁等效电源，接入 R_L 如题解 2.19 图所示。图中 U_{oc}、U_1、R_L 均为已知，R_o 未知。由图可应用电阻串联分压关系，得

$$U_1 = \frac{R_L}{R_o + R_L} U_{oc}$$

即

$$R_o U_1 + R_L U_1 = R_L U_{oc}$$

移项整理，得

$$R_o U_1 = R_L U_{oc} - R_L U_1$$

所以

$$R_o = \left(\frac{U_{oc}}{U_1} - 1\right) R_L$$

2.20 题 2.20 图所示电路，负载电阻 R_L 可任意改变，问 R_L 为何值时其上可获得最大功率，并求出该最大功率 P_{Lmax}。

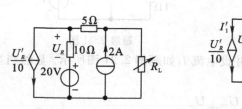

题 2.20 图

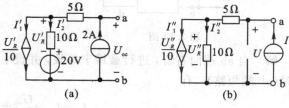

题解 2.20 图

解 自 ab 端断开 R_L，并设开路电压 U_{oc}、电流 I_1'、I_2' 参考方向如题解 2.20 图(a)所示。由图可以看出：I_1' 就是受控电流源支路的电流，显然

$$I_1' = \frac{1}{10} U_R'$$

电流 I_2' 就是 10 Ω 电阻上的电流，由欧姆定律可知

$$I_2' = \frac{1}{10} U_R'$$

又由 KCL，有

$$I_1' + I_2' = 2 \text{ A}$$

所以

$$I_1' = I_2' = 1 \text{ A}$$

开路电压

$$U_{oc} = 2 \times 5 + 10 I_2' + 20 = 10 + 10 \times 1 + 20 = 40 \text{ V}$$

将图(a)中理想电压源短路、理想电流源开路、受控源保留，在 ab 两端之间加电流源 I，并设电压 U 的参考方向如图(b)所示。类同于求开路电压 U_{oc} 时的分析过程，可知

$$I_1'' = I_2'' = \frac{1}{2} I$$

由 KVL，得电压

$$U = 5I + 10 I_2'' = 5I + 10 \times \frac{1}{2} I = 10 I$$

所以等效电源内阻

$$R_o = \frac{U}{I} = 10 \text{ Ω}$$

由最大功率传输定理可知，当

$$R_L = R_o = 10 \text{ Ω}$$

其上可获得最大功率，此时有

$$P_{Lmax} = \frac{U_{oc}^2}{4R_0} = \frac{40^2}{4 \times 10} = 40 \text{ W}$$

2.21 在题 2.21 图所示电路中，N 为线性含源电阻二端口电路，cd 端短接时自 ab 端向 N 看的戴维宁等效内阻 $R_0 = 9\ \Omega$。已知开关 S 置 1、2 位时 cd 端上电流 I_2 分别为 6A、9 A，求当开关置 3 位时的电流 I_2。

题 2.21 图　　　　　　　　　　　　　　　题解 2.21 图

解　自 ab 端向右看，进行戴维宁等效，并设电流 I_1 如题解 2.21 图所示。显然当 S 置 1 位时(ab 端短路)，有

$$I_1 = I_{1s} = \frac{U_{oc}}{R_0} = \frac{U_{oc}}{9} \tag{1}$$

当 S 置 2 位时(ab 端开路)，有

$$I_1 = I_{1o} = 0 \tag{2}$$

当 S 置 3 位时，有

$$I_1 = I_{1R} = \frac{U_{oc}}{R + R_0} = \frac{U_{oc}}{1 + 9} = \frac{U_{oc}}{10} \tag{3}$$

将 I_1 置换为电流源(包括 S 置 1、2、3 位三种情况)，再将电路中的独立源分为两组，一组是电流源 I_1，另一组是 N 内所有独立源。应用齐次定理、叠加定理，设

$$I_2 = I_2' + I_2'' = K_1 I_1 + I_2'' \tag{4}$$

式中，$I_2' = K_1 I_1$ 为电流源 I_1 单独作用在 cd 端所产生的电流部分；I_2'' 为 N 内所有独立源共同作用在 cd 端所产生的电流部分。

代入已知条件，即将式(1)、式(2)代入式(4)，得方程组

$$\begin{cases} I_2 = K_1 \times \dfrac{U_{oc}}{9} + I_2'' = 6 \\ I_2 = K_1 \times 0 + I_2'' = 9 \end{cases} \rightarrow \begin{cases} I_2'' = 9 \text{ A} \\ K_1 = -\dfrac{27}{U_{oc}} \end{cases} \tag{5}$$

将式(3)、式(5)代入式(4)，得

$$I_2 = -\frac{27}{U_{oc}} \times \frac{U_{oc}}{10} + 9 = 6.3 \text{ A}$$

注意：这是一个综合性题目，将叠加定理、齐次定理、置换定理和戴维宁定理这些知识点联合、灵活应用，方能求解出该问题。

第 3 章 动态电路时域分析

3.1 题 3.1 图(a)为 $C=4$ F 的电容器，其电流 i 的波形如题 3.1 图(b)所示。

(1) 若 $u(0)=0$，求当 $t \geqslant 0$ 时电容电压 $u(t)$，并画波形图。

(2) 计算当 $t=2$ s 时电容吸收的功率 $p(2)$。

(3) 计算当 $t=2$ s 时电容的储能 $w(2)$。

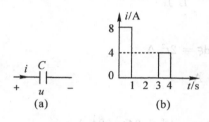

题 3.1 图

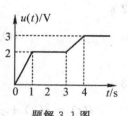

题解 3.1 图

解 (1)

$t \geqslant 0$
$$u(t) = u(0) + \frac{1}{C}\int_0^t i(\xi)\,\mathrm{d}\xi = \frac{1}{4}\int_0^t i(\xi)\,\mathrm{d}\xi$$

$0 \leqslant t \leqslant 1\text{s}$
$$u(t) = \frac{1}{4}\int_0^t 8\,\mathrm{d}\xi = 2t \text{ V}$$
$$u(1) = 2 \times 1 = 2 \text{ V}$$

$1 \leqslant t \leqslant 3\text{s}$
$$u(t) = u(1) + \frac{1}{4}\int_1^t 0\,\mathrm{d}\xi = 2 \text{ V}$$
$$u(3) = 2 \text{ V}$$

$3 \leqslant t \leqslant 4\text{ s}$
$$u(t) = u(3) + \frac{1}{4}\int_3^t 4\,\mathrm{d}\xi = t - 1 \text{ V}$$
$$u(4) = 4 - 1 = 3 \text{ V}$$

$t \geqslant 4\text{ s}$
$$u(t) = u(4) + \frac{1}{4}\int_4^t 0\,\mathrm{d}\xi = 3 \text{ V}$$

$u(t)$ 波形如题解 3.1 图所示。

(2) 由 $i(t)$、$u(t)$ 波形图可知当 $t=2$ s 时，$i(2)=0$、$u(2)=2$ V，所以此时电容吸收功率
$$p(2) = u(2)i(2) = 2 \times 0 = 0$$

(3) 当 $t=2$ s 时电容上的储能
$$w(2) = \frac{1}{2}Cu^2(2) = \frac{1}{2} \times 4 \times 2^2 = 8 \text{ J}$$

3.2 题 3.2 图(a)为 $L=0.5$ H 的电感器，其端电压 u 的波形如题 3.2 图(b)所示。

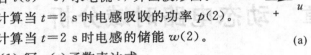 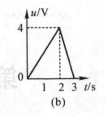

(1) 若 $i(0)=0$，求电流 i，并画波形图。

(2) 计算当 $t=2$ s 时电感吸收的功率 $p(2)$。

(3) 计算当 $t=2$ s 时电感的储能 $w(2)$。

题 3.2 图

解 (1) 写 $u(t)$ 函数表达式

$$u(t)=\begin{cases} 0\text{ V}, & t\leqslant 0\text{ s} \\ 2t\text{V}, & 0\leqslant t\leqslant 2\text{ s} \\ -4t+12\text{ V}, & 2\leqslant t\leqslant 3\text{ s} \\ 0\text{ V}, & t\geqslant 3\text{ s} \end{cases}$$

因 u、i 参考方向关联，由 L 上电流电压积分关系得

$$i(t)=\frac{1}{L}\int_{-\infty}^{t}u(\xi)\mathrm{d}\xi=i(0)+\frac{1}{L}\int_{0}^{t}u(\xi)\mathrm{d}\xi$$

$0\leqslant t\leqslant 2$ s

$$i(t)=i(0)+\frac{1}{0.5}\int_{0}^{t}2\xi\mathrm{d}\xi=2t^2\text{ A}$$

$$i(2)=2\times 2^2=8\text{ A}$$

$2\leqslant t\leqslant 3$ s

$$i(t)=i(2)+\frac{1}{0.5}\int_{2}^{t}(-4\xi+12)\mathrm{d}\xi=-4t^2+24t-24\text{ A}$$

$$i(3)=-4\times 3^2+24\times 3-24=12\text{ A}$$

$t\geqslant 3$ s

$$i(t)=i(3)+\frac{1}{0.5}\int_{3}^{t}0\mathrm{d}\xi=12\text{ A}$$

$i(t)$ 波形如题解 3.2 图所示。

(2) 由 $u(t)$、$i(t)$ 波形可知当 $t=2$ s 时，$i(2)=8$ A，$u(2)=4$ V，所以此时电感吸收功率

$$p(2)=u(2)i(2)=4\times 8=32\text{ W}$$

(3) 当 $t=2$ s 时电感上的储能

$$w(2)=\frac{1}{2}Li^2(2)=\frac{1}{2}\times 0.5\times 8^2=16\text{ J}$$

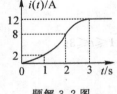

题解 3.2 图

3.3 题 3.3 图(a)所示电路，电压 u 的波形如题 3.3 图(b)所示，求电流 i。

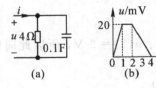

题 3.3 图　　　　　　　　　　　　题解 3.3 图

解 设电流 i_R、i_C 参考方向如题解 3.3 图所示。由 $u(t)$ 波形写函数表达式

$$u(t) = \begin{cases} 20t \text{ mV}, & 0 \leqslant t \leqslant 1 \text{ s} \\ 20 \text{ mV}, & 1 \leqslant t \leqslant 2 \text{ s} \\ -10t + 40 \text{ mV}, & 2 \leqslant t \leqslant 4 \text{ s} \\ 0, & \text{其余} \end{cases}$$

依欧姆定律及电容上的电流、电压微分关系，得

$$i_R(t) = \frac{u(t)}{R} = \frac{u(t)}{4} = \begin{cases} 5t \text{ mA}, & 0 \leqslant t \leqslant 1 \text{ s} \\ 5 \text{ mA}, & 1 \leqslant t \leqslant 2 \text{ s} \\ (-2.5t + 10) \text{ mA}, & 2 \leqslant t \leqslant 4 \text{ s} \\ 0, & \text{其余} \end{cases}$$

$$i_C(t) = C \frac{\mathrm{d}u(t)}{\mathrm{d}t} = 0.1 \frac{\mathrm{d}u(t)}{\mathrm{d}t} = \begin{cases} 2 \text{ mA}, & 0 \leqslant t < 1 \text{ s} \\ 0, & 1 \leqslant t < 2 \text{ s} \\ -1 \text{ mA}, & 2 \leqslant t < 4 \text{ s} \\ 0, & \text{其余} \end{cases}$$

由 KCL，得电流

$$i(t) = i_R(t) + i_C(t) = \begin{cases} (5t + 2) \text{ mA}, & 0 \leqslant t < 1 \text{ s} \\ 5 \text{ mA}, & 1 \leqslant t < 4 \text{ s} \\ (-2.5t + 9) \text{ mA}, & 2 \leqslant t < 4 \text{ s} \\ 0, & \text{其余} \end{cases}$$

3.4 题 3.4 图所示电路，求图(a)中 ab 端等效电感 L_{ab} 及图(b)中 ab 端等效电容 C_{ab}。

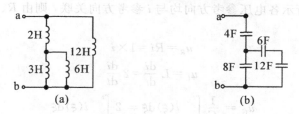

题 3.4 图

解 图(a)：根据电感串并联关系，得等效电感
$$L_{ab} = [3 /\!/ 6 + 2] /\!/ 12 = 3 \text{ H}$$

图(b)：根据电容串并联关系，得等效电容
$$C_{ab} = \frac{\left(8 + \frac{6 \times 12}{6 + 12}\right) \times 4}{8 + \frac{6 \times 12}{6 + 12} + 4} = 3 \text{ F}$$

3.5 题 3.5 图所示电路，已知 $i_R(t) = \mathrm{e}^{-2t}$ A，求电压 $u(t)$。

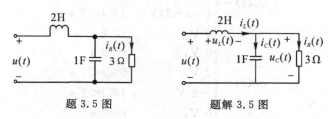

题 3.5 图　　　　　题解 3.5 图

解 设各电流、电压参考方向如题解 3.5 图所示。由 R、L、C 元件上的电压、电流关系及 KCL、KVL，并结合本题电路结构特点，分别求得

$$u_C(t) = 3i_R(t) = 3\mathrm{e}^{-2t}\ \text{V}$$

$$i_C(t) = C\frac{\mathrm{d}u_C(t)}{\mathrm{d}t} = 1 \times \frac{\mathrm{d}3\mathrm{e}^{-2t}}{\mathrm{d}t} = -6\mathrm{e}^{-2t}\ \text{A}$$

$$i_L(t) = i_C(t) + i_R(t) = -6\mathrm{e}^{-2t} + \mathrm{e}^{-2t} = -5\mathrm{e}^{-2t}\ \text{A}$$

$$u_L(t) = L\frac{\mathrm{d}i_L(t)}{\mathrm{d}t} = 2 \times \frac{\mathrm{d}(-5\mathrm{e}^{-2t})}{\mathrm{d}t} = 20\mathrm{e}^{-2t}\ \text{V}$$

所以电压

$$u(t) = u_L(t) + u_C(t) = 20\mathrm{e}^{-2t} + 3\mathrm{e}^{-2t} = 23\mathrm{e}^{-2t}\ \text{V}$$

3.6 题 3.6 图(a)所示电路，已知 $u_C(0_-) = 0$，$i(t)$ 的波形如题 3.6 图(b)所示。

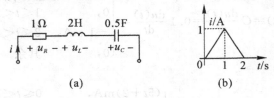

题 3.6 图

(1) 求各元件电压 u_R、u_L 和 u_C，并画出它们的波形。

(2) 求当 $t = 0.5$ s 时各元件吸收的功率。

(3) 求当 $t = 0.5$ s 时电感和电容元件上的储能。

解 (1) 图(a)所示各电压参考方向均与 i 参考方向关联，则由 R、L、C 元件上的电压电流关系可得

$$u_R = Ri = 1 \times i \tag{1}$$

$$u_L = L\frac{\mathrm{d}i}{\mathrm{d}t} = 2\frac{\mathrm{d}i}{\mathrm{d}t} \tag{2}$$

$$u_C = \frac{1}{C}\int_{-\infty}^{t} i(\xi)\mathrm{d}\xi = 2\int_{-\infty}^{t} i(\xi)\mathrm{d}\xi \tag{3}$$

由 $i(t)$ 波形图写 $i(t)$ 的函数表达式为

$$i(t) = \begin{cases} 0\ \text{A}, & t \leqslant 0\ \text{s} \\ t\ \text{A}, & 0 \leqslant t \leqslant 1\ \text{s} \\ (-t+2)\ \text{A}, & 1 \leqslant t \leqslant 1\ \text{s} \\ 0\ \text{A}, & t \geqslant 2\ \text{s} \end{cases} \tag{4}$$

将式(4)分别代入式(1)、式(2)和式(3)，得

$$u_R(t) = \begin{cases} 0\ \text{V}, & t \leqslant 0\ \text{s} \\ t\ \text{V}, & 0 \leqslant t \leqslant 1\ \text{s} \\ (-t+2)\text{V}, & 1 \leqslant t \leqslant 2\ \text{s} \\ 0\ \text{V}, & t \geqslant 2\ \text{s} \end{cases} \tag{5}$$

$$u_L(t) = \begin{cases} 0\ \text{V}, & t < 0\ \text{s} \\ 2\ \text{V}, & 0 \leqslant t < 1\ \text{s} \\ -2\ \text{V}, & 1 \leqslant t < 2\ \text{s} \\ 0\ \text{V}, & t \geqslant 2\ \text{s} \end{cases} \tag{6}$$

$$u_C(t) = \begin{cases} 0 \text{ V}, & t \leqslant 0 \text{ s} \\ t^2 \text{V}, & 0 \leqslant t \leqslant 1 \text{ s} \\ -t^2 + 4\,t - 2 \text{ V}, & 1 \leqslant t \leqslant 2 \text{ s} \\ 2 \text{ V}, & t \geqslant 2 \text{ s} \end{cases} \tag{7}$$

由式(5)、式(6)和式(7)可画出 u_R、u_L、u_C 的波形如题解 3.6 图所示。

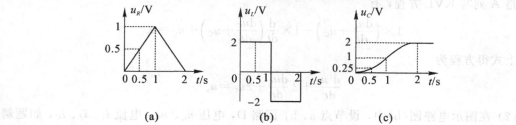

(a)　　　　　　(b)　　　　　　(c)

题解 3.6 图

（2）由表达式 $i(t)$ 可得

$$i(0.5) = 0.5 \text{ A}$$

由式(5)、式(6)和式(7)分别算得

$$u_R(0.5) = 0.5 \text{ V}, \quad u_L(0.5) = 2 \text{ V}, \quad u_C(0.5) = 0.25 \text{ V}$$

所以 $t = 0.5$ s 时各元件吸收的功率分别为

$$p_R(0.5) = u_R(0.5)i(0.5) = 0.5 \times 0.5 = 0.25 \text{ W}$$

$$p_L(0.5) = u_L(0.5)i(0.5) = 2 \times 0.5 = 1 \text{ W}$$

$$p_C(0.5) = u_C(0.5)i(0.5) = 0.25 \times 0.5 = 0.125 \text{ W}$$

（3）由前面算得的 $i(0.5)$、$u_C(0.5)$，可得当 $t = 0.5$ s 时电感元件、电容元件上的储能分别为

$$w_L(0.5) = \frac{1}{2}Li^2(0.5) = \frac{1}{2} \times 2 \times 0.5^2 = 0.25 \text{ J}$$

$$w_C(0.5) = \frac{1}{2}Cu_C^2(0.5) = \frac{1}{2} \times 0.5 \times 0.25^2 = 0.0156 \text{ J}$$

3.7　题 3.7 图所示电路，对图(a)列写以 $u_C(t)$ 为响应的微分方程；对图(b)列写以 $i_L(t)$ 为响应的微分方程。

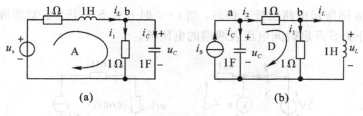

(a)　　　　　　(b)

题解 3.7 图

解　（1）在图示电路图(a)中设回路 A、节点 b 及电流 i_C、i_1、i_L，如题解 3.7 图(a)所示。根据基本元件上电压、电流关系可知

$$i_C = C\frac{\mathrm{d}u_C}{\mathrm{d}t} = \frac{\mathrm{d}u_C}{\mathrm{d}t}$$

$$i_1 = \frac{u_C}{1} = u_C$$

对节点 b 应用 KCL，有

$$i_L = i_C + i_1 = \frac{du_C}{dt} + u_C$$

对回路 A 列写 KVL 方程，有

$$1 \times \left(\frac{du_C}{dt} + u_C\right) + 1 \times \frac{d}{dt}\left(\frac{du_C}{dt} + u_C\right) + u_C = u_s$$

整理上式得方程为

$$\frac{d^2 u_C}{dt^2} + 2\frac{du_C}{dt} + 2u_C = u_s$$

（2）在图示电路图(b)中，设节点 a、b，回路 D，电压 u_L、u_C，电流 i_1、i_2、i_C，如题解 3.7 图(b)所示。显然可知

$$u_L = L\frac{di_L}{dt} = \frac{di_L}{dt}$$

$$i_1 = \frac{u_L}{1} = \frac{di_L}{dt}$$

$$i_2 = i_1 + i_L = \frac{di_L}{dt} + i_L$$

$$u_C = 1 \times i_2 + u_L = 1 \times \left(\frac{di_L}{dt} + i_L\right) + \frac{di_L}{dt} = 2\frac{di_L}{dt} + i_L$$

$$i_C = C\frac{du_C}{dt} = \frac{du_C}{dt} = \frac{d}{dt}\left(2\frac{di_L}{dt} + i_L\right) = 2\frac{d^2 i_L}{dt^2} + \frac{di_L}{dt}$$

对节点 a 列写 KCL 方程，有

$$i_C + i_2 = i_s$$

即

$$2\frac{d^2 i_L}{dt^2} + \frac{di_L}{dt} + \frac{di_L}{dt} + i_L = i_s$$

整理上式得方程

$$2\frac{d^2 i_L}{dt^2} + 2\frac{di_L}{dt} + i_L = i_s$$

3.8 题 3.8 图所示电路已处于稳态，当 $t=0$ 时开关 S 打开，已知实际电压表的内阻为 2 kΩ。试求开关 S 开启瞬间电压表两端的电压值。

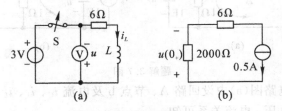

题解 3.8 图

解 在图示电路中设电流 i_L 参考方向如题解 3.8 图(a)所示。换路前电路处于直流稳

态，电感 L 相当于短路，显然可得

$$i_L(0_-) = \frac{3}{6} = 0.5 \text{ A}$$

由换路定律知

$$i_L(0_+) = i_L(0_-) = 0.5 \text{ A}$$

画 $t=0_+$ 时刻的等效电路如题解 3.8 图(b)所示，图中 2000 Ω 电阻为实际电压表的内阻，并设在 $t=0_+$ 时其上的电压为 $u(0_+)$，所以由欧姆定律得

$$u(0_+) = 2000 i_L(0_+) = 2000 \times 0.5 = 1000 \text{ V}$$

$u(0_+)$ 即为开关 S 开启瞬间电压表的电压值。

3.9 题 3.9 图所示电路已处于稳定状态，当 $t=0$ 时开关 S 闭合，求初始值 $u_C(0_+)$ 和 $i(0_+)$。

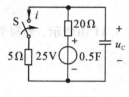

题 3.9 图

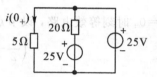

题解 3.9 图

解 当开关 S 打开时，为 25 V 电压源给电容 C 充电电路，因电路处于稳态，即是说给电容充满了电，故知

$$u_C(0_-) = 25 \text{ V}$$

由换路定律可得

$$u_C(0_+) = u_C(0_-) = 25 \text{ V}$$

画 $t=0_+$ 时刻等效电路如题解 3.9 图所示。由欧姆定律得

$$i(0_+) = \frac{25}{5} = 5 \text{ A}$$

3.10 题 3.10 图所示电路，当 $t=0$ 时开关 S 闭合。已知 $u_C(0_-) = 6$ V，求 $i_C(0_+)$ 和 $i_R(0_+)$。

解 本问题是已知 $u_C(0_-) = 6$ V，所以由换路定律得

$$u_C(0_+) = u_C(0_-) = 6 \text{ V}$$

画 $t=0_+$ 时等效电路，如题解 3.10 图所示。设节点 a 并选择接地点，列写节点方程

$$\left(\frac{1}{12} + \frac{1}{6} + \frac{1}{4}\right) V_a(0_+) = 6 + \frac{6}{4} = 7.5$$

所以

$$V_a(0_+) = 15 \text{ V}$$

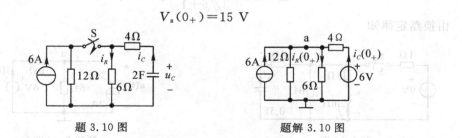

题 3.10 图

题解 3.10 图

故得

$$i_R(0_+) = \frac{V_a(0_+)}{6} = \frac{15}{6} = 2.5 \text{ A}$$

$$i_C(0_+) = \frac{6 - V_a(0_+)}{4} = \frac{6 - 15}{4} = -2.25 \text{ A}$$

3.11 题 3.11 图所示电路已处于稳态，当 $t=0$ 时开关 S 由 a 切换至 b，求 $i(0_+)$ 和 $u(0_+)$。

解 在图示电路电感上设电流 i_L 参考方向。开关 S 合于 a，5 A 电流源给电感充磁，当处于直流稳态时视 L 为短路，由电阻并联分流关系，得

$$i_L(0_-) = \frac{3}{2+3} \times 5 = 3 \text{ A}$$

由换路定律知

$$i_L(0_+) = i_L(0_-) = 3 \text{ A}$$

画 $t=0_+$ 时刻等效电路，设节点 a 并选参考点，如题解 3.11 图所示。列写节点方程

$$\left(\frac{1}{2} + \frac{1}{4}\right)u(0_+) = \frac{12}{2} - 3 = 3 \text{ A}$$

所以

$$u(0_+) = 4 \text{ V}$$

$$i(0_+) = \frac{12 - u(0_+)}{2} = \frac{12 - 4}{2} = 4 \text{ A}$$

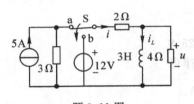

题 3.11 图

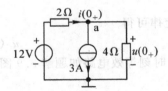

题解 3.11 图

3.12 题 3.12 图所示电路已处于稳态，当 $t=0$ 时开关 S 开启，求初始值 $i(0_+)$、$u(0_+)$。

解 在图示电路中设 i_L、u_C 参考方向。考虑原电路已处于直流稳态，所以视 L 为短路、C 为开路。应用电阻串并联等效及分流、分压关系，经简单计算得

$$i_L(0_-) = \frac{9}{3 /\!/ 6 + 1} \times \frac{6}{3 + 6} = 2 \text{ A}$$

$$u_C(0_-) = \frac{3 /\!/ 6}{3 /\!/ 6 + 1} \times 9 = 6 \text{ V}$$

由换路定律知

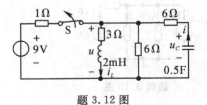

题 3.12 图

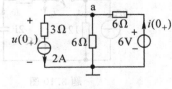

题解 3.12 图

$$i_L(0_+) = i_L(0_-) = 2 \text{ A}$$
$$u_C(0_+) = u_C(0_-) = 6 \text{ V}$$

画 $t=0_+$ 时刻等效电路、选定参考点并设节点 a，如题解 3.12 图所示。列写节点方程

$$\left(\frac{1}{6}+\frac{1}{6}\right)u(0_+) = \frac{6}{6}-2 = -1$$

所以

$$u(0_+) = -3 \text{ V}$$

$$i(0_+) = \frac{6-u(0_+)}{6} = \frac{6-(-3)}{6} = 1.5 \text{ A}$$

3.13 题 3.13 图所示电路已处于稳态，当 $t=0$ 时开关 S 闭合，求 $t \geqslant 0$ 时电压 $u(t)$，并画出波形图。

解 在图示电路电感上设电流 i_L 参考方向。由题意知开关 S 未闭合前处于直流稳态，视电感为短路，所以

$$i_L(0_-) = \frac{15}{2+3} = 3 \text{ A}$$

由换路定律知

$$i_L(0_+) = i_L(0_-) = 3 \text{ A}$$

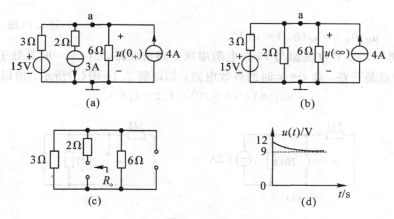

题解 3.13 图

画 $t=0_+$ 时刻等效电路如题解 3.13 图(a)所示。列写节点方程

$$\left(\frac{1}{3}+\frac{1}{6}\right)u(0_+) = \frac{15}{3}-3+4 = 6$$

解得

$$u(0_+) = 12 \text{ V}$$

画 $t=\infty$ 时等效电路（又视 L 为短路）如题解 3.13 图(b)所示。列写节点方程

$$\left(\frac{1}{2}+\frac{1}{3}+\frac{1}{6}\right)u(\infty) = \frac{15}{3}+4 = 9$$

解得

$$u(\infty) = 9 \text{ V}$$

将图示电路中电压源短路、电流源开路及断开动态元件，画从动态元件两端看的等效内阻的电路，如题解 3.13 图(c)所示。显然

$$R_o = 3 /\!/ 6 + 2 = 4 \ \Omega$$

时间常数为

$$\tau = \frac{L}{R_o} = \frac{2}{4} = 0.5 \ \text{s}$$

由三要素公式，得

$$u(t) = u(\infty) + [u(0_+) - u(\infty)]e^{-\frac{1}{\tau}t} = 9 + 3e^{-2t} \ \text{V}, \quad t \geqslant 0$$

其波形如题解 3.13 图(d)所示。

3.14 题 3.14 图所示电路已处于稳态，当 $t=0$ 时开关 S 闭合，求 $t \geqslant 0$ 时电容电压 u_C 和电阻上电流 i_R。

解 开关 S 闭合前电路处于直流稳态，视电容 C 为开路，选定参考点如题 3.14 图所示。

列写节点方程

$$\left(\frac{1}{15+5} + \frac{1}{20}\right)u_C(0_-) = \frac{12}{20} + 1.2 = 1.8$$

解得

$$u_C(0_-) = 18 \ \text{V}$$

则

$$u_C(0_+) = u_C(0_-) = 18 \ \text{V}$$

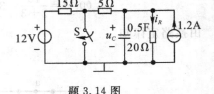

题 3.14 图

开关 S 闭合，12 V 电压源与 15 Ω 电阻串联支路被短路，当 $t=\infty$ 时又处于直流稳态情况，C 又被看成是开路，画 $t=\infty$ 时的等效电路，如题解 3.14 图(a)所示。所以

$$u_C(\infty) = (5 /\!/ 20) \times 1.2 = 4.8 \ \text{V}$$

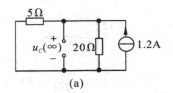
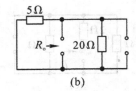

(a)　　　　　　　　　(b)

题解 3.14 图

将图(a)中 1.2 A 电流源开路，画从动态元件 C 两端看的等效内阻 R_o 电路，如题解 3.14图(b)所示。显然可得

$$R_o = 5 /\!/ 20 = 4 \ \Omega$$

时间常数为

$$\tau = R_o C = 4 \times 0.5 = 2 \ \text{s}$$

由三要素公式，求得电压

$$u_C(t) = u_C(\infty) + [u_C(0_+) - u_C(\infty)]e^{-\frac{1}{\tau}t} = 4.8 + 13.2e^{-0.5t} \text{V}, \quad t \geqslant 0$$

回题 3.14 图所示电路应用欧姆定律，求得

$$i_R(t) = \frac{u_C(t)}{20} = 0.24 + 0.66e^{-0.5t} \ \text{A}, \quad t \geqslant 0$$

3.15 题3.15图所示电路已处于稳态，当$t=0$时开关S开启，求当$t\geqslant 0$时电压$u(t)$的零输入响应$u_x(t)$、零状态响应$u_f(t)$和全响应$u(t)$，并画出三者的波形图。

解 在L上设电流i_L的参考方向、选定参考点及节点a，如题3.15图所示。开关S打开前处于直流稳态，视L为短路，画$t=0_-$时刻等效电路，如题解3.15图(a)所示。列写节点方程

$$\left(\frac{1}{6}+\frac{1}{6}+\frac{1}{3}\right)u_a(0_-)=\frac{6}{6}+3=4$$

解得

$$u_a(0_-)=6\text{ V}\rightarrow i_1(0_-)=\frac{u_a(0_-)}{3}=\frac{6}{3}=2\text{ A}\rightarrow i_L(0_-)=3-i_1(0_-)=1\text{ A}$$

所以

$$i_L(0_+)=i_L(0_-)=1\text{ A}$$

画$t=0_+$时刻等效电路，再画分解图，如题解3.15图(b)、题解3.15图(b′)和题解3.15图(b″)所示。显然

$$u_x(0_+)=-1\times 3=-3\text{ V},\ u_f(0_+)=3\times 3=9\text{ V}$$

开关S打开后，电感上的初始储能与3A电流源共同作用于电路，当3A电流源不作用时（令其为零，即将其开路），仅由L上储能作用的电路如题解3.15图(c)所示；而假设L上初始储能不作用，仅3A电流源作用的电路，如题解3.15图(d)所示。由图(c)可知

$$i_x(\infty)=0\rightarrow u_x(\infty)=0$$

由图(d)（当$t=\infty$时视L为短路）可知

$$u_f(\infty)=(3/\!/6)\times 3=6\text{ V}$$

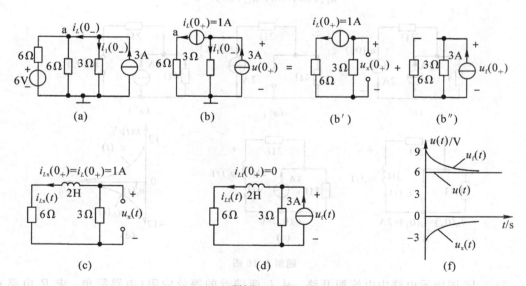

题解3.15图

题3.15图所示电路中电流源开路、从L两端看的等效内阻（电路简单，求R_o电路省略）为

$$R_o=3+6=9\ \Omega$$

时间常数为

$$\tau=\frac{L}{R_o}=\frac{2}{9}\ \text{s}$$

由三要素公式，分别求得零输入响应、零状态响应为

$$u_x(t)=u_x(\infty)+[u_x(0_+)-u_x(\infty)]e^{-\frac{1}{\tau}t}=-3e^{-4.5t}\text{V},\ t\geq0$$

$$u_f(t)=u_f(\infty)+[u_f(0_+)-u_f(\infty)]e^{-\frac{1}{\tau}t}=6+3e^{-4.5t}\text{V},\ t\geq0$$

全响应为

$$u(t)=u_x(t)+u_f(t)=6\ \text{V},\ t\geq0$$

其波形如题解 3.15 图（e）所示。

3.16 题 3.16 图所示电路已处于稳态，当 $t=0$ 时开关 S 由 a 切换至 b，求 $t\geq0$ 时电压 $u_L(t)$ 的零输入响应 $u_{Lx}(t)$、零状态响应 $u_{Lf}(t)$ 及全响应 $u_L(t)$，并画出三者的波形图。

解 在图示电路上设电流 i_L 参考方向如图中所示。开关 S 闭合，电路处于直流稳态，视电感 L 为短路线，所以

$$i_L(0_-)=\frac{8}{2+2}=2\text{A}\rightarrow i_L(0_+)=i_L(0_-)=2\ \text{A}$$

画 $t=0_+$ 时刻的等效电路及分解电路，分别如题解 3.16 图（a）、（a′）和图（a″）所示。显然由图（a′）、图（a″）经简单计算，分别可得

$$u_{Lx}(0_+)=-(2+4)\times2=-12\ \text{V}$$

$$u_{Lf}(0_+)=4\times3=12\ \text{V}$$

再画零输入电路、零状态电路，分别如题解 3.16 图（b）、图（c）所示。当 $t\rightarrow\infty$ 时，显然

$$u_{Lx}(\infty)=0,\ u_{Lf}(\infty)=0$$

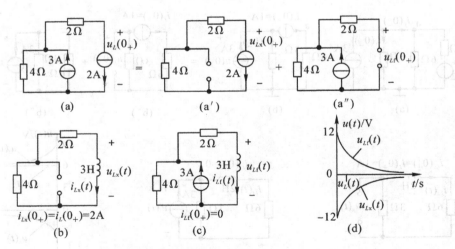

题解 3.16 图

题 3.16 图所示电路中电流源开路、从 L 两端看的等效内阻（电路简单，求 R_o 电路省略）为

$$R_o=2+4=6\ \Omega$$

时间常数为

$$\tau = \frac{L}{R_o} = \frac{3}{6} = 0.5 \text{ s}$$

由三要素公式，分别求得零输入响应、零状态响应为

$$u_{Lx}(t) = u_x(\infty) + [u_x(0_+) - u_x(\infty)]e^{-\frac{1}{\tau}t} = -12e^{-2t} \text{ V}, \quad t \geqslant 0$$

$$u_{Lf}(t) = u_{Lf}(\infty) + [u_{Lf}(0_+) - u_{Lf}(\infty)]e^{-\frac{1}{\tau}t} = 12e^{-2t} \text{ V}, \quad t \geqslant 0$$

全响应为

$$u(t) = u_x(t) + u_f(t) = 0 \text{ V}, \quad t \geqslant 0$$

其波形如题解 3.16 图(d)所示。

3.17 题 3.17 图所示电路，已知电感初始储能为零，当 $t=0$ 时开关 S 闭合，求 $t \geqslant 0$ 时的电流 i_L。

解 在图示电路中设 a、b 两点如题解 3.17 图(a)所示。由题意知 $i_L(0_-) = 0$，则由换路定律知

$$i_L(0_+) = i_L(0_-) = 0$$

$$i_{Lf}(0_+) = i_L(0_+) = 0$$

对 $t \geqslant 0_+$，自 ab 端向左看的是戴维宁等效电路，如题解 3.17 图(b)所示，图中 $U_{oc} = 5$ V，$R_o = 2$ Ω（求 U_{oc}、R_o 过程略。）

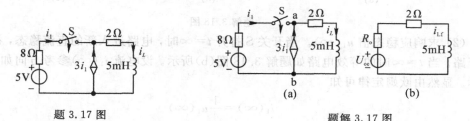

题 3.17 图   题解 3.17 图

在 $t = \infty$ 时，电路又进入新的直流稳态，又将 L 视为短路，求得

$$i_{Lf}(\infty) = \frac{5}{2+2} = 1.25 \text{ A}$$

时间常数为

$$\tau = \frac{L}{R_o} = \frac{5 \times 10^{-3}}{2+2} = 1.25 \times 10^{-3} \text{ s}$$

由归纳总结的求电感电流零状态响应公式，得

$$i_{Lf}(t) = i_{Lf}(\infty)[1 - e^{-\frac{1}{\tau}t}] = 1.25[1 - e^{-800t}] \text{ A}$$

注意：在求电容电压或电感电流的零状态响应时可套用如上公式，在求非电容电压或非电感电流变量的零状态响应 $y_f(t)$ 时，不能套用 $y_f(t) = y_f(\infty)[1 - e^{-\frac{1}{\tau}t}]$ 这样的式子，切记！

3.18 题 3.18 图所示电路已处于稳态，当 $t=0$ 时开关 S 开启，求 $t \geqslant 0$ 时的电压 $u_1(t)$。

解 在图示电路电容上设电压 u_C 并设 a、b 两点如题 3.18 图所示。因开关 S 打开前电路处于直流稳态，电容 C 相当于开路。由图可知，$u_1(0_-) = 0 \rightarrow \frac{1}{4}u_1(0_-) = 0$（受控电流源在 $t=0_-$

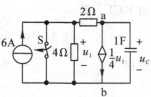

题 3.18 图

时相当于开路)，所以

$$u_C(0_-) = 2 \times \left[-\frac{1}{4}u_1(0_-) \right] + u_1(0_-) = 0$$

由换路定律可知

$$u_C(0_+) = u_C(0_-) = 0$$

（1）求响应初始值 $u_1(0_+)$。当 $t = 0_+$ 时的等效电路如题解 3.18 图（a）所示。选参考点如图所示，列写节点方程

$$\left(\frac{1}{4} + \frac{1}{2} \right) u_1(0_+) = 6$$

解得

$$u_1(0_+) = 8 \text{ V}$$

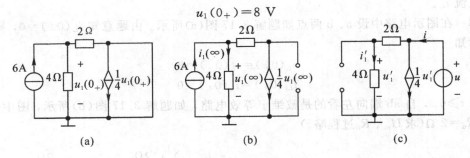

题解 3.18 图

（2）求响应稳态值 $u_1(\infty)$。当开关 S 打开 $t = \infty$ 时，电路进入新的直流稳态，视电容 C 为开路。当 $t = \infty$ 时的等效电路如题解 3.18 图（b）所示。设电流 $i_1(\infty)$ 参考方向如图（b）中所示。显然由欧姆定律可知

$$i_1(\infty) = \frac{1}{4}u_1(\infty)$$

列写 KCL 方程

$$\frac{1}{4}u_1(\infty) + \frac{1}{4}u_1(\infty) = 6$$

解得

$$u_1(\infty) = 12 \text{ V}$$

（3）求时间常数 τ。先求从电容两端看的戴维宁等效电阻 R_o。画出应用外加电源法求 R_o 的电路如题解 3.18 图（c）所示。据分压关系及欧姆定律分别求得

$$u_1' = \frac{4}{4+2}u = \frac{2}{3}u$$

$$i_1' = \frac{1}{4}u_1' = \frac{1}{4} \times \frac{2}{3}u = \frac{1}{6}u$$

由 KCL，得

$$i = \frac{1}{4}u_1' + i_1' = \frac{1}{4} \times \frac{2}{3}u + \frac{1}{6}u = \frac{1}{3}u$$

所以

$$R_o = \frac{u}{i} = 3 \text{ }\Omega$$

时间常数为

$$\tau = R_0 C = 3 \times 1 = 3 \text{ s}$$

由三要素公式，得

$$u_1(t) = u_1(\infty) + [u_1(0_+) - u_1(\infty)]e^{-\frac{1}{\tau}t}$$

$$= 12 + [8 - 12]e^{-\frac{1}{3}t} = 12 - 4e^{-\frac{1}{3}t} \text{V}, \quad t \geq 0$$

3.19 题 3.19 图所示电路已处于稳态，当 $t=0$ 时开关 S 由 a 切换至 b，求 $t \geq 0$ 时的电流 $i(t)$ 和电压 $u_R(t)$。

解 在图示电路中，设 u_C、i_L、i_C 参考方向如题 3.19 图中所示。换路前电路处于直流稳态，电感相当于短路，电容相当于开路。由电阻并联分流关系及欧姆定律，可分别求得

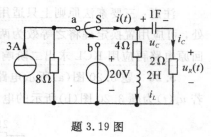
题 3.19 图

$$i_L(0_-) = \frac{8}{8+4} \times 3 = 2 \text{ A}$$

$$u_C(0_-) = 4i_L(0_-) = 4 \times 2 = 8 \text{ V}$$

对于求 $t \geq 0_+$ 时的 $i_L(t)$，可依据置换定理将题 3.19 图所示电路等效为题解 3.19 图(a)电路；对于求 $t \geq 0_+$ 时的 $u_C(t)$、$i_C(t)$、$u_R(t)$，同样可应用置换定理将题 3.19 图所示电路等效为题解 3.19 图(b)所示电路。

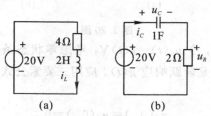

(a)　　　　(b)

题解 3.19 图

由图(a)电路求得

$$i_L(0_+) = i_L(0_-) = 2 \text{ A}$$

$$i_L(\infty) = \frac{20}{4} = 5 \text{ A}$$

$$\tau_1 = \frac{2}{4} = 0.5 \text{ s}$$

由三要素公式，得

$$i_L(t) = i_L(\infty) + [i_L(0_+) - i_L(\infty)]e^{-\frac{1}{\tau}t}$$

$$= 5 + (2-5)e^{-2t} = 5 - 3e^{-2t} \text{ A}, \quad t \geq 0$$

由图(b)电路求得

$$u_C(0_+) = u_C(0_-) = 8 \text{ V}$$

$$u_C(\infty) = 20 \text{ V}$$

$$\tau_2 = 2 \times 1 = 2 \text{ s}$$

由三要素公式，得

$$u_C(t) = u_C(\infty) + [u_C(0_+) - u_C(\infty)]e^{-\frac{1}{\tau_2}t}$$

$$= 20 + (8-20)e^{-0.5t} = 20 - 12e^{-0.5t} \text{ V}, \quad t \geq 0$$

则

$$i_C(t) = C\frac{\mathrm{d}u_C}{\mathrm{d}t} = 6\mathrm{e}^{-0.5t} \text{ A}, \quad t \geqslant 0$$

$$u_R(t) = 2i_C(t) = 12\mathrm{e}^{-0.5t} \text{ V}, \quad t \geqslant 0$$

回题 3.19 图所示电路，由 KCL 得

$$i(t) = i_L(t) + i_C(t) = 5 - 3\mathrm{e}^{-2t} + 6\mathrm{e}^{-0.5t} \text{ A}, \quad t \geqslant 0$$

注意：三要素法原则上只适用于一阶电路，但对于像本问题类型的问题，因有特殊之处，可应用置换定理将之等效为两个一阶电路，分别应用三要素法求出 $i_C(t)$、$i_L(t)$，然后回原电路再应用 KCL 求出二阶响应 $i(t)$。

3.20 题 3.20 图(a)所示电路，以 $u_s(t)$ 为输入，以 $u_C(t)$ 为输出，求阶跃响应 $g(t)$。若 $u_s(t)$ 为题 3.20 图(b)所示的电压源，求零状态响应 $u_{Cf}(t)$。

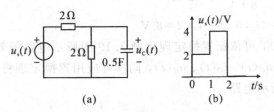

题 3.20 图

解 根据阶跃响应定义，令 $u_s(t) = \varepsilon(t)\text{V}$，考虑零状态条件，应有 $u_C(0_-) = 0$，此时 $u_C(t)$ 的零状态响应 $u_{Cf}(t)$ 即是阶跃响应 $g(t)$。应用三要素公式求 $g(t)$。

由换路定律知

$$u_C(0_+) = u_C(0_-) = 0$$

所以在 $t = 0_+$ 时电容相当于短路，所以

$$g(0_+) = u_{Cf}(0_+) = 0$$

在 $t = \infty$ 时，电路处于直流稳态，C 相当于开路，所以

$$g(\infty) = u_{Cf}(\infty) = \frac{2}{2+2} \times 1 = 0.5 \text{ V}$$

将(a)图中电压源短路，自电容两端看的戴维宁等效内阻为

$$R_o = 2 /\!/ 2 = 1 \text{ } \Omega$$

时间常数为

$$\tau = R_o C = 1 \times 0.5 = 0.5 \text{ s}$$

由三要素公式，得阶跃响应

$$g(t) = g(\infty) + [g(0_+) - g(\infty)]\mathrm{e}^{-\frac{1}{\tau}t} = 0.5\mathrm{e}^{-2t}\varepsilon(t) \text{ V}$$

将图(b)所示的 $u_s(t)$ 分解为阶跃函数移位加权代数和

$$u_s(t) = 2\varepsilon(t) + 2\varepsilon(t-1) - 4\varepsilon(t-2) \text{ V}$$

根据线性时不变性质，显然可得

$$u_{Cf}(t) = 2g(t) + 2g(t-1) - 4g(t-2)$$

$$= \mathrm{e}^{-2t}\varepsilon(t) + \mathrm{e}^{-2(t-1)}\varepsilon(t-1) - 2\mathrm{e}^{-2(t-2)}\varepsilon(t-2)\text{V}, \quad t \geqslant 0$$

3.21 题 3.21 图所示的是正弦函数激励的一阶 RC 电路，已知 $u_s(t) = 10\cos(2t)$ V，电容上无初始储能。求 $t \geqslant 0$ 时的电压 $u_{Cf}(t)$。

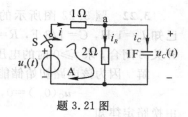

题 3.21 图

解 在图示电路上设节点 a 及电流 i、i_R、i_C 参考方向如题 3.21 图所示。由元件上电压、电流关系及 KCL，分别得电流

$$i_C = 1 \times \frac{\mathrm{d}u_C}{\mathrm{d}t} = \frac{\mathrm{d}u_C}{\mathrm{d}t}$$

$$i_R = \frac{1}{2}u_C$$

$$i = i_C + i_R = \frac{\mathrm{d}u_C}{\mathrm{d}t} + \frac{1}{2}u_C$$

对回路 A 列写 KVL 方程并将 i 代入，经整理即得

$$\frac{\mathrm{d}u_C}{\mathrm{d}t} + \frac{3}{2}u_C = u_s = 10\cos 2t \tag{1}$$

微分方程(1)的特征方程为

$$\lambda + \frac{3}{2} = 0 \rightarrow \lambda = -\frac{3}{2}$$

所以微分方程的齐次解为

$$u_{Ch}(t) = Ae^{\lambda t} = A\,e^{-\frac{3}{2}t} \tag{2}$$

因 $u_s(t)$ 为正弦函数，设微分方程的特解为

$$u_{Cp}(t) = U_{Cpm}\cos(2t + \psi_p) \tag{3}$$

将式(3)代入微分方程(1)，得

$$-2U_{Cpm}\sin(2t + \psi_p) + \frac{3}{2}U_{Cpm}\cos(2t + \psi_p) = 10\cos 2t$$

$$\frac{5}{2}U_{Cpm}\left[\frac{3}{5}\cos(2t + \psi_p) - \frac{4}{5}\sin(2t + \psi_p)\right] = 10\cos 2t$$

$$\frac{5}{2}U_{Cpm}\cos(2t + \psi_p + 53.1°) = 10\cos 2t$$

比较上式两端，有

$$\frac{5}{2}U_{Cpm} = 10 \rightarrow U_{Cpm} = 4 \text{ V}$$

$$\psi_p + 53.1° = 0 \rightarrow \psi_p = -53.1°$$

故得

$$u_{Cp}(t) = 4\cos(2t - 53.1°) \text{ V} \tag{4}$$

式(2)与式(4)相加，得全响应

$$u_C(t) = Ae^{-\frac{3}{2}t} + 4\cos(2t - 53.1°) \tag{5}$$

考虑无初始储能条件，即 $u_C(0_+) = 0$，则有

$$A + 4\cos(-53.1°) = 0 \rightarrow A = -2.4$$

将 A 值代入式(5)，得

$$u_C(t) = -2.4e^{-1.5t} + 4\cos(2t - 53.1°) \text{ V}$$

3.22 题 3.22 图所示的二阶电路的初始储能为零，已知 $L=1$ H，$C=1/3$ F，$R=4$ Ω，$U_s=16$ V，当 $t=0$ 时开关 S 闭合，求 $t\geqslant0$ 时的电压 $u_C(t)$、$i(t)$。

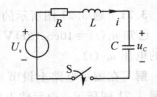

题 3.22 图

解 因为该电路初始储能为零，所以

$$u_C(0_-)=0,\quad i_L(0_-)=0$$

由换路定律知

$$u_C(0_+)=u_C(0_-)=0,\quad i_L(0_+)=i_L(0_-)=0$$

以 u_C 为响应列写本电路微分方程（列写的过程省略）为

$$LC\frac{\mathrm{d}^2 u_C}{\mathrm{d}t^2}+RC\frac{\mathrm{d}u_C}{\mathrm{d}t}+u_C=U_s\qquad\qquad t\geqslant0\qquad\qquad(1)$$

将式(1)代入已知的元件参数值并经整理，得

$$\frac{\mathrm{d}^2 u_C}{\mathrm{d}t^2}+4\frac{\mathrm{d}u_C}{\mathrm{d}t}+3u_C=48\qquad\qquad(2)$$

初始条件

$$u_C(0_+)=0,\quad u_C'(0_+)=\frac{1}{C}i(0_+)=0$$

式(2)的特征方程

$$\lambda^2+4\lambda+3=0$$

解得固有频率

$$\lambda_1=-1,\ \lambda_2=-3$$

设齐次解（自由响应）为

$$u_{Ch}(t)=A_1 e^{\lambda_1 t}+A_2 e^{\lambda_2 t}=A_1 e^{-t}+A_2 e^{-3t}$$

因对 $t\geqslant0_+$ 期间输入 U_s 为常数，所以设特解（强迫响应）为

$$u_{Cp}(t)=K\ （未知常数）\qquad\qquad(3)$$

将式(3)代入式(2)，有

$$\frac{\mathrm{d}^2 K}{\mathrm{d}t^2}+4\frac{\mathrm{d}K}{\mathrm{d}t}+3K=48$$

解得

$$K=16$$

零状态响应为

$$u_C(t)=A_1 e^{-t}+A_2 e^{-3t}+16\qquad\qquad(4)$$

再将初始条件 $u_C(0_+)=0$、$u_C'(0_+)=0$ 代入式(4)，有

$$\begin{matrix}A_1+A_2+16=0\\-A_1-3A_2=0\end{matrix}\Big\}\begin{cases}A_1=-24\\A_2=8\end{cases}$$

代入式(4)，得零状态响应为

$$u_C(t)=(-24e^{-t}+8e^{-3t}+16)\varepsilon(t)\ \text{V}$$

由电容上的电流、电压微分关系，得

$$i(t)=C\frac{\mathrm{d}u_C}{\mathrm{d}t}=(8e^{-t}-8e^{-3t})\varepsilon(t)\ \text{A}$$

3.23 题 3.23 图所示的电路，N 只含线性时不变电阻，电容的初始储能不详，$\varepsilon(t)$ 为单位阶跃电压，已知当 $u_s(t)=2\cos(t)\varepsilon(t)$ 时全响应为

$$u_C(t)=1-3e^{-t}+\sqrt{2}\cos(t-45°)\text{V},\ t\geqslant0$$

（1）求在相同初始条件下，$u_s(t)=0$ 时的电压 $u_C(t)$。

（2）求在相同初始条件下，且两个电源均为零时的电压 $u_C(t)$。

解 已知的全响应为电路的零输入响应 $u_{Cx}(t)$ 与 $\varepsilon(t)$、$u_s(t)$ 电源分别作用时产生的零状态响 $u_{Cf1}(t)$、$u_{Cf2}(t)$ 之和，即

$$u_C(t)=u_{Cx}(t)+u_{Cf1}(t)+u_{Cf2}(t)=1-3e^{-t}+\sqrt{2}\cos(t-45°) \tag{1}$$

（1）求 $u_{Cx}(t)$。从已知的全响应表达式可看出，该
电路为一阶渐近稳定电路，时间常数为

$$\tau=1\text{ s}$$

所以从电容 C 两端向左看的戴维宁等效电阻为

$$R_0=\frac{\tau}{C}=\frac{1}{1}=1\ \Omega$$

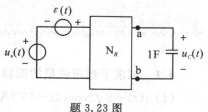

题 3.23 图

判定 $t=0$ 换路时刻电容上电压不能突跳，即

$$u_C(0_+)=u_C(0_-)=[1-3e^{-t}+\sqrt{2}\cos(t-45°)]\big|_{t=0}=-1$$

故得电容电压的零输入响应为

$$u_{Cx}(t)=u_C(0_+)e^{-\frac{1}{\tau}t}=-1e^{-t}\varepsilon(t)\text{ V} \tag{2}$$

这就是本问题第（2）问所要求的在相同初始条件下且两个电源均为零时的 $u_C(t)$。

（2）求 $u_{Cf}(t)$。对求 $t\geqslant0$ 时的 $u_{Cf}(t)$，将原电路等效为题解 3.23 图（a）所示电路。设 u_{oc1}、u_{oc2} 分别为 $\varepsilon(t)$、$u_s(t)$ 单独作用时，在题 3.23 图所示电路中 ab 端产生的开路电压。又设 $u_{Cf1}(t)$、$u_{Cf2}(t)$ 分别为 $\varepsilon(t)$、$u_s(t)$ 单独作用时所产生的零状态响应，则

$$\begin{aligned}u_{Cf}(t)&=u_{Cf1}(t)+u_{Cf2}(t)\\&=式(1)-式(2)\\&=1-2e^{-t}+\sqrt{2}\cos\left(t-\frac{\pi}{4}\right)\end{aligned} \tag{3}$$

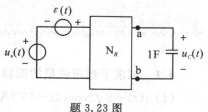

（a）　　　　　　　　（b）

题解 3.23 图

因对 $t\geqslant0_+$，$\varepsilon(t)=1$ 是常数，所以 $\varepsilon(t)$ 电源单独作用时，在题 3.23 图所示电路中 ab 端产生的开路电压 u_{oc1} 也应是常数。u_{oc1} 即 $\varepsilon(t)$ 电源作用时所产生的零状态响应 u_{Cf1}，如题解 3.23 图（b）所示。应用三要素公式可求得

$$u_{Cf1}=u_{oc1}-u_{oc1}e^{-t}\text{ V} \tag{4}$$

考虑 u_{oc1} 是常数值并比较式（3）与式（4），判定 $u_{oc1}=1\text{ V}$ 并代入式（4），有

$$u_{Cf1}=1-e^{-t}\text{ V} \tag{5}$$

将式（2）与式（5）相加即得在相同初始条件下，$u_s(t)=0$ 时的 $u_C(t)$，即

$$u_C(t)=-1e^{-t}+1-e^{-t}=[1-2e^{-t}]\varepsilon(t)\text{V}$$

第4章　正弦稳态电路分析

4.1　试求下列正弦量的振幅、角频率和初相角，并画出其波形。

(1) $i(t)=8\sqrt{2}\cos(2t-45°)$ A。

(2) $u(t)=-2\sin(100\pi t+120°)$ V。

解　由电流或电压正弦函数表达式，可知它们的振幅、角频率、初相角分别为

(1) $I_m=8\sqrt{2}$ A，$\omega=2$ rad/s，$\psi=-45°$。

(2) $u(t)=-2\sin(100\pi t+120°)=-2\cos(100\pi t+120°-90°)$

$\qquad=2\cos(100\pi t+30°-180°)=2\cos(100\pi t-150°)$ V

$\qquad U_m=2$ V，$\omega=100\pi$ rad/s，$\psi=-150°$。

注意：解答第(2)问时先将 sin 函数表达式换算为本书中采用的标准正弦函数 cos 函数表达式；再将原式中的负号换算为相位角放入余弦函数中，既可以加 180°，亦可减 180°，考虑正弦量初相位的模值小于等于 180°的习惯，对本问题是做了减 180°。

二者的波形分别如题解 4.1 图(a)、(b)所示。

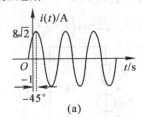 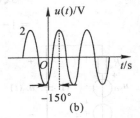

题解 4.1 图

4.2　写出下列正弦电流或电压的瞬时值表达式。

(1) $I_m=5$ A，$\omega=10^3$ rad/s，$\psi_i=30°$；

(2) $I=10$ A，$f=50$ Hz，$\psi_i=-120°$；

(3) $U_m=6$ V，$\omega=10\pi$ rad/s，$\psi_u=45°$。

解　由已知的三个要素，可分别写电流、电压的正弦时间函数为

(1) $i(t)=5\cos(10^3t+30°)$ A；

(2) $i(t)=10\sqrt{2}\cos(100\pi t-120°)$ A；

(3) $u(t)=6\cos(10\pi t+45°)$ V。

4.3　计算下列正弦量的相位差。

(1) $i_1(t)=4\cos(10t+10°)$ A 和 $i_2(t)=8\cos(10t-30°)$ A；

(2) $i_1(t)=5\cos\left(2t+\dfrac{\pi}{3}\right)$ A 和 $u_2(t)=-10\cos(2t-15°)$ V。

解 (1) $\varphi = 10° - (-30°) = 40°$；

(2) $\psi_1 = \dfrac{\pi}{3} = 60°$，$\psi_2 = 180° - 15° = 165°$，

$\varphi = \psi_1 - \psi_2 = 60° - 165° = -105°$。

4.4 将下列复数表示为极型或指数型。

(1) $3 + j4$；　　　(2) $3 - j4$；　　　(3) $-8 + j6$；　　　(4) $-8 - j6$。

解 (1) $3 + j4 = 5e^{j53.1°} = 5\angle 53.1°$；

(2) $3 - j4 = 5e^{-j53.1°} = 5\angle -53.1°$；

(3) $-8 + j6 = 10e^{j143.1°} = 10\angle 143.1°$；

(4) $-8 - j6 = 10e^{-j143.1°} = 10\angle -143.1°$。

4.5 将下列复数表示为代数型。

(1) $100\angle -45°$；　(2) $10\sqrt{2}\angle 135°$；　(3) $5\sqrt{2}\angle -135°$；　(4) $8\sqrt{2}\angle 45°$。

解 (1) $100\angle -45° = 70.7 - j70.7$；

(2) $10\sqrt{2}\angle 135° = -10 + j10$；

(3) $5\sqrt{2}\angle -135° = -5 - j5$；

(4) $8\sqrt{2}\angle 45° = 8 + j8$。

4.6 已知角频率为 ω，试写出下列相量所表示的正弦信号的瞬时值表达式。

(1) $\dot{I}_{1m} = 9 + j12$ A；　　　(2) $\dot{I}_2 = 5\sqrt{2}\angle -45°$ A；

(3) $\dot{U}_{1m} = -6 + j8$ V；　　　(4) $\dot{U}_2 = 10\angle -153.1°$ V。

解 (1) $\dot{I}_{1m} = 9 + j12 = 15\angle 53.1°$ A，对应写得 $i_1(t) = 15\cos(\omega t + 53.1°)$ A；

(2) $\dot{I}_2 = 5\sqrt{2}\angle -45°$，对应写得 $i_2(t) = 10\cos(\omega t - 45°)$ A；

(3) $\dot{U}_{1m} = -6 + j8 = 10\angle 126.9°$ V，对应写得 $u_1(t) = 10\cos(\omega t + 126.9°)$ V；

(4) $\dot{U}_2 = 10\angle -153.1°$，对应写得 $u_2(t) = 10\sqrt{2}\cos(\omega t - 153.1°)$ V。

4.7 RL 串联电路如题 4.7 图所示，已知 $u_R(t) = \sqrt{2}\cos(10^6 t)$ V。求电压源 $u_s(t)$，并画出电压相量图。

解 在图示电路上设 u_L、i_L 参考方向如题 4.7 图所示。有阻抗

$$Z_L = j\omega L = j10^6 \times 0.1 \times 10^{-3} = j100 \ \Omega$$

画相量模型电路如题解 4.7 图(a)所示。

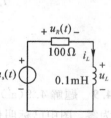

题 4.7 图

$$\dot{U}_{Rm} = \sqrt{2}\angle 0° \text{ V}$$

$$\dot{I}_{Lm} = \frac{\dot{U}_{Rm}}{R} = \frac{\sqrt{2}\angle 0°}{100} \times 10^3 = 10\sqrt{2}\angle 0° \text{ mA}$$

$$\dot{U}_{Lm} = j100\dot{I}_{Lm} = j100 \times 10\sqrt{2} \times 10^{-3} \angle 0° = j\sqrt{2} \text{ V}$$

所以

$$\dot{U}_{sm} = \dot{U}_{Rm} + \dot{U}_{Lm} = \sqrt{2} + j\sqrt{2} = 2\angle 45° \text{ V}$$

$$u_s(t) = 2\cos(10^6 t + 45°)\,\text{V}$$

各电压相量图如题解 4.7 图(b)所示。

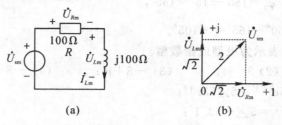

题解 4.7 图

4.8 RC 并联电路如题 4.8 图所示，已知 $i_C(t) = \sqrt{2}\cos(10^3 t + 60°)$ mA。求电流源 $i_s(t)$，并画出电流相量图。

解 在图示电路上设 i_R、u_C，如题 4.8 图所示。

$$Z_C = -j\frac{1}{\omega C} = -j\frac{1}{10^3 \times 0.2 \times 10^{-6}} = -j5\,\text{k}\Omega$$

$$\dot{I}_C = 1\angle 60°\,\text{mA}$$

相量模型电路如题解 4.8 图(a)所示。

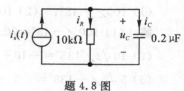

题 4.8 图

$$\dot{U}_C = Z_C \dot{I}_C = -j5 \times 1\angle 60° = 5\angle -30°\,\text{V}$$

$$\dot{I}_R = \frac{\dot{U}_C}{R} = \frac{5\angle -30°}{10} = 0.5\angle -30°\,\text{mA}$$

所以

$$\dot{I}_s = \dot{I}_R + \dot{I}_C = 0.5\angle -30° + 1\angle 60° = 1.12\angle 33.4°\,\text{mA}$$

$$i_s(t) = 1.12\sqrt{2}\cos(10^3 t + 33.4°)\,\text{mA}$$

其各电流相量图如题解 4.8 图(b)所示。

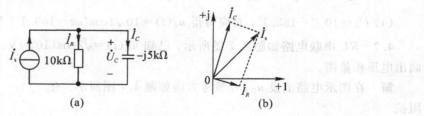

题解 4.8 图

4.9 题解 4.9(a')图和题 4.9(b')图所示的电路中，设伏特计内阻为无限大，安培计内阻为零。图中已标明伏特计和安培计的读数，试求：(1) 图(a')正弦电压 u 的有效值 U；(2) 图(b')中正弦电流 i 的有效值 I。

解 (1) 在图示电路中设 $\dot{U}_1$、$\dot{U}_2$、$\dot{U}$ 的参考方向如题解 4.9 图(a')所示。设 $\dot{I} = I\angle 0°$ A（串联电路通常选电流相量为参考相量，即假设该相量初相位为 0°。），则由电阻、电容元件上电压、电流相量关系可知

$$\dot{U}_1 = R\dot{I} = 12\angle 0°\,\text{V},\quad \dot{U} = -j\frac{1}{\omega C}\dot{I} = U\angle -90°\,\text{V}$$

$$\dot{U}_2=\dot{U}_1+\dot{U}=12-jU=\sqrt{12^2+U^2}\angle-\arctan\frac{U}{12}=20\angle\psi_2$$

所以

$$\begin{cases}\sqrt{12^2+U^2}=20\\\psi_2=-\arctan\dfrac{U}{12}\end{cases}\rightarrow\begin{cases}U=16\ \text{V}\\\psi_2=-53.1°\end{cases}$$

图(a')中电压 u 的有效值 $U=16$ V。其各电压相量图如题解 4.9 图(a'')所示。

（2）在图示电路中设 $\dot{I}_1$、$\dot{I}_2$、$\dot{I}_3$、$\dot{I}$ 的参考方向如题解 4.9 图(b')所示。设 $\dot{U}=U\angle0°$V（并联电路通常选电压相量为参考相量，即假设该相量初相位为 $0°$。），则由电阻、电感、电容元件上电压、电流相量关系可知

$$\dot{I}_1=\frac{\dot{U}}{R}=4\angle0°\text{mA}$$

$$\dot{I}_2=\frac{\dot{U}}{j\omega L}=8\angle-90°\text{mA}$$

$$\dot{I}_3=j\omega CU=5\angle90°\text{mA}$$

由 KCL，得

$$\dot{I}=\dot{I}_1+\dot{I}_2+\dot{I}_3=4-j8+j5=4-j3=5\angle-36.9°\ \text{mA}$$

所以图(b')电流 i 的有效值 $I=5$ A。其各电流相量图如题解 4.9 图(b'')所示。

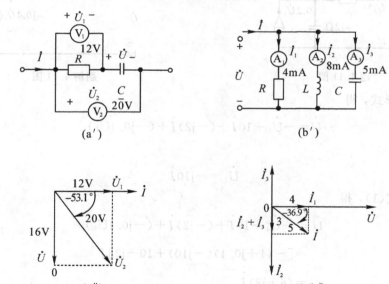

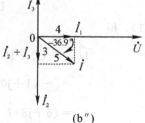

题解 4.9 图

4.10 正弦稳态电路如题 4.10 图所示，已知 $\dot{U}_s=200\angle0°$ V，$\omega=10^3$rad/s，求 $\dot{I}_C$。

解
$$Z_L=j\omega L=j10^3\times50\times10^{-3}=j50\ \Omega$$

$$Z_C=-j\frac{1}{\omega C}=-j\frac{1}{10^3\times20\times10^{-6}}=-j50\ \Omega$$

画相量模型电路并设电流 $\dot{I}_L$、$\dot{I}_R$ 如题解 4.10 图所示。

题 4.10 图　　　　　　　　　　　题解 4.10 图

应用阻抗串并联等效，求得

$$\dot{I}_L=\frac{\dot{U}_s}{50 /\!/ (-\mathrm{j}50)+\mathrm{j}50}=\frac{200\angle 0°}{25\sqrt{2}\angle 45°}=4\sqrt{2}\angle -45°\ \mathrm{A}$$

再应用阻抗并联分流关系，得

$$\dot{I}_C=\frac{50}{50-\mathrm{j}50}\dot{I}_L=\frac{50}{50\sqrt{2}\angle -45°}\times 4\sqrt{2}\angle -45°=4\angle 0°\ \mathrm{A}$$

4.11 求图示电路中 ab 端的等效阻抗。

解 在图示电路中设 $\dot{U}$、$\dot{I}$ 参考方向，并将受控电流源互换为受控电压源，如题解 4.11 图所示。

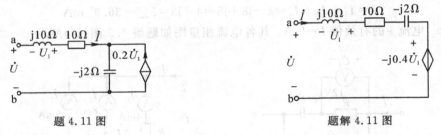

题 4.11 图　　　　　　　　　　题解 4.11 图

由 KVL 相量形式，得

$$\dot{U}=-\dot{U}_1+10\dot{I}+(-\mathrm{j}2)\dot{I}+(-\mathrm{j}0.4\dot{U}_1) \tag{1}$$

考虑

$$\dot{U}_1=-\mathrm{j}10\dot{I} \tag{2}$$

将式(2)代入式(1)，得

$$\begin{aligned}
\dot{U} &=-\dot{U}_1+10\dot{I}+(-\mathrm{j}2)\dot{I}+(-\mathrm{j}0.4\dot{U}_1)\\
&=[-(1+\mathrm{j}0.4)(-\mathrm{j}10)+10-\mathrm{j}2]\dot{I}\\
&=(6+\mathrm{j}8)\dot{I}
\end{aligned}$$

故得 ab 端的等效阻抗

$$Z_{\mathrm{ab}}=\frac{\dot{U}}{\dot{I}}=6+\mathrm{j}8=10\angle 53.1°\ \Omega$$

4.12 实验室常用题 4.12 图所示电路测量电感线圈参数 L 和 r。已知电源频率 $f=50\ \mathrm{Hz}$，电阻 $R=25\ \Omega$，伏特计 V_1、V_2 和 V_3 的读数分别为 50 V、128 V 和 116 V。求 L 和 r。

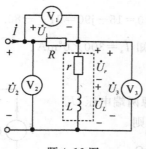

题 4.12 图

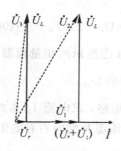

题解 4.12 图

解 在图示电路中设相应各电压及电流的参考方向，假定各电压表的内阻均为无限大，即均为理想电压表。由电阻、电感元件上电压、电流相量关系，画各电压及电流相量图，如题解 4.12 图所示。显然，可得

$$I = \frac{U_1}{R} = \frac{50}{25} = 2 \text{ A}$$

$$U_1^2 = (RI)^2 = 2500 \tag{1}$$

$$U_2^2 = (U_1 + U_r)^2 + U_L^2 = 128^2 \tag{2}$$

$$U_3^2 = U_r^2 + U_L^2 = 116^2 \tag{3}$$

由式(2)、式(3)，得

$$U_1^2 + 2U_1 U_r = 2928$$

解得

$$U_r = \frac{4928 - 2500}{2 \times 50} = 4.28 \text{ V} \tag{4}$$

$$r = \frac{U_r}{I} = \frac{4.28}{2} = 2.14 \ \Omega$$

式(4)代入式(3)，解得

$$U_L = \sqrt{U_3^2 - U_r^2} = \sqrt{116^2 - 4.28^2} = 115.9 \text{ V}$$

$$\omega L = \frac{U_L}{I} = \frac{115.9}{2} = 57.95 \ \Omega$$

$$L = \frac{57.95}{314} = 0.1846 \text{ H}$$

4.13 正弦稳态相量模型电路如题 4.13 图所示，已知 $\dot{I}_s = 10\angle 0°\text{A}$，求电压 $\dot{U}_{ab}$。

解 在图示电路中两个网孔设网孔电流 $\dot{I}_A$、$\dot{I}_B$，如题 4.13 图所示。显然

$$\dot{I}_A = \dot{I}_s = 10\angle 0°\text{A}, \quad \dot{U}_C = -j10\dot{I}_s = -j100$$

列写网孔方程

$$(2 + j2)\dot{I}_B + 1 \times \dot{I}_s = 0.5\dot{U}_C$$

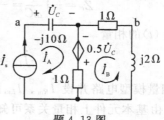

题 4.13 图

将 $\dot{I}_s$、$\dot{U}_C$ 数值代入上式并整理，得

$$(2 + j2)\dot{I}_B = -10 - j50 \rightarrow \dot{I}_B = \frac{-10 - j50}{2 + j2} = -15 - j10 \text{ A}$$

所以

$$\dot{U}_{ab}=\dot{U}_C-1\times\dot{I}_B=-j100+15+j10=15-j90=91\angle-80.5° \text{ V}$$

4.14 题 4.14 图所示的相量模型电路，已知 $\dot{I}_s=300\angle0°$ mA。

(1) 求电压 $\dot{U}$ 和 $\dot{U}_{ab}$。

(2) 将 ab 端短路，求电流 $\dot{I}_{ab}$ 和此时电流源两端电压 $\dot{U}$。

解 （1）设电流源两端向右看的阻抗为 Z，则

$$Z=(1+j2)/\!/(2+j1)=\frac{5}{6}\sqrt{2}\angle45° \text{ k}\Omega$$

所以电压

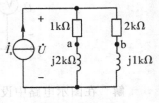

题 4.14 图

$$\dot{U}=Z\dot{I}_s=\frac{5}{6}\sqrt{2}\angle45°\times300\angle0°=250\sqrt{2}\angle45° \text{ V}$$

$$\dot{U}_{ab}=\frac{-1}{1+j2}\dot{U}+\frac{2}{2+j1}\dot{U}=j\frac{3}{5}\times250\sqrt{2}\angle45°=150\sqrt{2}\angle135° \text{ V}$$

（2）将 ab 端短路，并设各电流、电压参考方向如题解 4.14 图所示。应用阻抗并联分流公式分别求得电流

$$\dot{I}_1=\frac{2}{1+2}\dot{I}_s=\frac{2}{3}\times300\angle0°=200\angle0° \text{ mA}$$

$$\dot{I}_2=\frac{j1}{j1+j2}\dot{I}_s=\frac{1}{3}\times300\angle0°=100\angle0° \text{ mA}$$

由 KCL，得电流

$$\dot{I}_{ab}=\dot{I}_1-\dot{I}_2=200\angle0°-100\angle0°=100\angle0° \text{ mA}$$

由 KVL，得电压

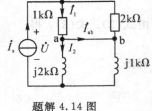

题解 4.14 图

$$\dot{U}=1\times\dot{I}_1+j2\times\dot{I}_2=1\times200\angle0°+j2\times100\angle0°$$
$$=200+j200=200\sqrt{2}\angle45° \text{ V}$$

4.15 题 4.15 图所示的电路，已知 $i_L(t)=\sqrt{2}\cos(5t)$A，电路消耗功率 $P=5$ W，$C=0.02$ F，$L=1$ H，求电阻 R 和电压 $u_C(t)$。

解 角频率 $\omega=5$ rad/s，电感、电容的阻抗分别为

$$Z_L=j\omega L=j5\times1=j5 \ \Omega$$

$$Z_C=-j\frac{1}{\omega C}=-j\frac{1}{5\times0.02}=-j10 \ \Omega$$

写 $i_L(t)$ 的相量

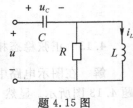

题 4.15 图

$$\dot{I}_{Lm}=\sqrt{2}\angle0° \text{ A}$$

画相量模型电路并设 $\dot{I}_{Rm}$、$\dot{I}_{Lm}$ 的参考方向如题解 4.15 图所示。由基本元件上相量关系可知

$$\dot{U}_{Lm}=j5\times\sqrt{2}\angle0°=5\sqrt{2}\angle90° \text{ V}$$

因电感、电容元件吸收平均功率为 0，所以电路吸收的平均功率即是电阻 R 上吸收的平均功率。由于

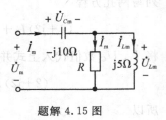

题解 4.15 图

$$P_R = P = \frac{U_{Lm}^2}{2R} = 5$$

则

$$R = \frac{U_{Lm}^2}{2 \times 5} = \frac{(5\sqrt{2})^2}{10} = 5 \ \Omega$$

电流为

$$\dot{I}_{Rm} = \frac{\dot{U}_{Lm}}{R} = \frac{5\sqrt{2}\angle 90°}{5} = \sqrt{2}\angle 90° \ A$$

$$\dot{I}_m = \dot{I}_{Lm} + \dot{I}_{Rm} = \sqrt{2} + j\sqrt{2} = 2\angle 45° \ A$$

电压为

$$\dot{U}_{Cm} = -j10\dot{I}_m = -j10 \times 2\angle 45° = 20\angle -45° \ V$$

$$u_C(t) = 20\cos(5t - 45°) \ V$$

4.16 正弦稳态相量模型电路如图所示。当调节电容 C 使得电流 $\dot{I}$ 与电压 $\dot{U}$ 同相位时测得：电压有效值 $U = 50$ V，$U_C = 200$ V；电流有效值 $I = 1$ A。已知 $\omega = 10^3\,\mathrm{rad/s}$，求元件 R、L、C 之值。

解 在图示电路中设 $\dot{U}_R$、$\dot{U}_L$ 参考方向如题解 4.16 图所示。当 $\dot{I}$ 与 $\dot{U}$ 同相时，有

$$\dot{U}_L + \dot{U}_C = 0, \quad \dot{U} = \dot{U}_R$$

所以

$$R = \frac{U_R}{I} = \frac{50}{1} = 50 \ \Omega$$

$$\frac{1}{\omega C} = \frac{U_C}{I} = \frac{200}{1} = 200 \ \Omega$$

则

$$C = \frac{1}{200\omega} = \frac{1}{200 \times 10^3} = 5\mu F$$

又

$$X_L = \omega L = \frac{U_L}{I} = \frac{200}{1} = 200 \ \Omega$$

所以

$$L = \frac{200}{\omega} = \frac{200}{10^3} = 0.2 \ H$$

4.17 正弦稳态相量模型电路如图所示。已知 $\dot{U}_C = 10\angle 0° V$，$R = 3 \ \Omega$，$\omega L = \frac{1}{\omega C} = 4 \ \Omega$。求电路的平均功率 P、无功功率 Q、视在功率 S 和功率因数 λ。

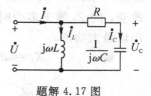

题解 4.17 图

解 在图示电路中设电流 $\dot{I}_C$、$\dot{I}_L$ 参考方向，如题解 4.17 图所示。显然

$$\dot{I}_C = j\omega C \dot{U}_C = j\frac{1}{4} \times 10\angle 0° = 2.5\angle 90° A$$

$$\dot{U} = \left(R + \frac{1}{j\omega C}\right)\dot{I}_C = (3-j4) \times 2.5\angle 90° = 12.5\angle 36.9° \text{V}$$

$$\dot{I}_L = \frac{\dot{U}}{j\omega L} = \frac{12.5\angle 36.9°}{j4} = 3.125\angle -53.1° \text{A}$$

考虑本电路只有电阻 R 消耗平均功率,所以电路消耗的平均功率即是电阻 R 消耗的平均功率,所以

$$P = P_R = RI_C^2 = 3\times(2.5)^2 = 18.75 \text{ W}$$

电感的无功功率

$$Q_L = X_L I_L^2 = 4\times(3.125)^2 = 39.06 \text{ Var}$$

电容的无功功率

$$Q_C = -\frac{1}{\omega C}I_C^2 = -4\times(2.5)^2 = -25 \text{ Var}$$

电路的无功功率

$$Q = Q_L + Q_C = 39.06 - 25 = 14.06 \text{ Var}$$

电路的视在功率

$$S = \sqrt{P^2 + Q^2} = \sqrt{18.75^2 + 14.06^2} = 23.44 \text{ VA}$$

电路的功率因数

$$\lambda = \frac{P}{S} = \frac{18.75}{23.44} = 0.8$$

4.18 正弦稳态相量模型电路如题 4.18 图所示。已知 $\dot{U}_{s1} = \dot{U}_{s3} = 10\angle 0° \text{V}$, $\dot{U}_{s2} = j10 \text{ V}$。求节点电位 $\dot{V}_1$ 和 $\dot{V}_2$。

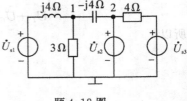

题 4.18 图

解 由题 4.18 图可知

$$\dot{V}_2 = \dot{U}_{s2} = 10\angle 90° \text{V}$$

列写节点 1 方程为

$$\left(\frac{1}{j4} + \frac{1}{-j4} + \frac{1}{3}\right)\dot{V}_1 - \frac{1}{-j4}\times 10\angle 90° = \frac{\dot{U}_{s1}}{j4} = \frac{10\angle 0°}{j4}$$

解上方程得

$$\dot{V}_1 = 10.6\angle -135° \text{ V}$$

4.19 题 4.19 图所示的正弦稳态电路,已知 $u_s(t) = 3\cos(t)\text{V}$, $i_s(t) = 3\cos(t)\text{A}$。负载 Z_L 可以任意改变,问 Z_L 等于多少时可获得最大功率 $P_{L\max}$,并求出该最大功率。

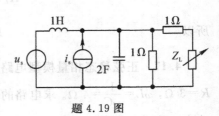

题 4.19 图

解
$$X_L = \omega L = 1\times 1 = 1 \text{ Ω}$$

$$\frac{1}{\omega C} = \frac{1}{1\times 2} = \frac{1}{2} \text{ Ω}$$

由 $u_s(t)$、$i_s(t)$ 时间函数分别写得各自的相量

$$\dot{U}_{sm} = 3\angle 0° \text{ V}, \quad \dot{I}_{sm} = 3\angle 0° \text{ A}$$

画相量模型电路如题解 4.19 图(a)所示。自 ab 断开 Z_L 并设开路电压 $\dot{U}_{\text{ocm}}$ 如题解 4.19 图(b)所示。

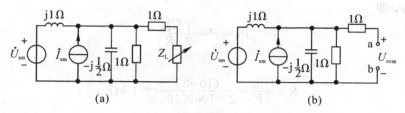

题解 4.19 图

列写节点方程，有

$$\left(\frac{1}{\text{j}1}+\frac{1}{-\text{j}\frac{1}{2}}+\frac{1}{1}\right)\dot{U}_{\text{ocm}}=\frac{3\angle 0^\circ}{\text{j}1}+3\angle 0^\circ$$

解得

$$\dot{U}_{\text{ocm}}=3\angle -90^\circ \text{ V}$$

将题解 4.19 图(b)中电压源 $\dot{U}_{\text{sm}}$ 短路，电流源 $\dot{I}_{\text{sm}}$ 开路(求等效内阻抗 $Z_\circ$ 电路省略)，应用阻抗串、并联等效求得自 ab 端看的戴维宁等效电源内阻抗

$$Z_\circ=1+\text{j}1 /\!/ \left(-\text{j}\frac{1}{2}\right) /\!/ 1=1.5-\text{j}0.5 \ \Omega$$

由共轭匹配条件可知

$$Z_L=Z_\circ^*=1.5+\text{j}0.5 \ \Omega$$

其上可获得最大功率，此时有

$$P_{L\max}=\frac{U_{\text{ocm}}^2}{8R_\circ}=\frac{3^2}{8\times 1.5}=0.75 \text{ W}$$

4.20 题 4.20 图所示的正弦稳态电路。已知 $C=100$ pF，$L=100$ μH，电路消耗功率 $P=100$ mW，电流 $i_C(t)=10\sqrt{2}\cos(10^7 t+60^\circ)$ mA，试求电阻 R 和电压 $u(t)$。

题 4.20 图　　　　　　　　　　　　题解 4.20 图

解 电感、电容元件的阻抗分别为

$$Z_L=\text{j}\omega L=\text{j}10^7\times 100\times 10^{-6}=1 \text{ k}\Omega$$

$$Z_C=-\text{j}\frac{1}{\omega C}=-\text{j}\frac{1}{10^7\times 100\times 10^{-12}}=-\text{j}1 \text{ k}\Omega$$

写电流 $i_C(t)$ 的相量为

$$\dot{I}_{Cm}=10\sqrt{2}\angle 60^\circ \text{ mA}$$

画相量模型电路如题解 4.20 图所示，并设各电压、电流参考方向如图中所示。由图可知电压

$$\dot{U}_{Cm} = -j1 \times 10^3 \times 10\sqrt{2} \times 10^{-3} \angle 60° = 10\sqrt{2} \angle -30° \text{ V}$$

因电感、电容吸收的平均功率为 0，所以整个电路消耗的平均功率 P 即是电阻 R 上消耗的平均功率 P_R，即

$$P_R = P = \frac{1}{2} \frac{U_{Cm}^2}{R}$$

解得

$$R = \frac{U_{Cm}^2}{2P} = \frac{(10\sqrt{2})^2}{2 \times 100 \times 10^{-3}} = 1 \text{ k}\Omega$$

电流

$$\dot{I}_{Rm} = \frac{\dot{U}_{Cm}}{R} = \frac{10\sqrt{2} \angle -30°}{1000} = 10\sqrt{2} \angle -30° \text{ mA}$$

$$\dot{I}_m = \dot{I}_{Rm} + \dot{I}_{Cm} = 10\sqrt{2} \angle -30° + 10\sqrt{2} \angle 60° = 20 \angle 15° \text{ mA}$$

电压

$$\dot{U}_{Lm} = j1000 \times 20 \times 10^{-3} \angle 15° = 20 \angle 105° \text{ V}$$

$$\dot{U}_m = \dot{U}_{Lm} + \dot{U}_{Cm} = 20 \angle 105° + 10\sqrt{2} \angle -30° = 10\sqrt{2} \angle 60° \text{ V}$$

故得

$$u(t) = 10\sqrt{2} \cos(10^7 t + 60°) \text{ V}$$

4.21 正弦稳态相量模型电路如题 4.21 图所示。已知负载 Z_L 可以任意改变，问 Z_L 等于多少时可获得最大功率 P_{Lmax}，并求出该最大功率。

解 自 ab 端断开 Z_L，并设开路电压 $\dot{U}_{oc}$ 如题解 4.21 图所示。由 KCL 知

$$\dot{I}_2' = \dot{I}_1' + 4\dot{I}_1' = 5\dot{I}_1'$$

列写回路 A 的 KVL 方程，有

$$50\dot{I}_1' + 50(5\dot{I}_1') + j300\dot{I}_1' = \dot{U}_s = 60 \angle 0°$$

解得

$$\dot{I}_1' = \frac{1}{5\sqrt{2}} \angle -45° \text{ A}$$

开路电压

$$\dot{U}_{oc} = j300\dot{I}_1' = j300 \times \frac{1}{5\sqrt{2}} \angle -45° = 30\sqrt{2} \angle 45° \text{ V}$$

将题解 4.21 图中的 ab 端短路，并设短路电流 $\dot{I}_{sc}$ 如图中虚线所示。显然，j300 Ω 阻抗被短路，此时 $\dot{I}_1' = 0$，$4\dot{I}_1' = 0$，受控电流源相当于开路。再对回路 A 列 KVL 方程，有

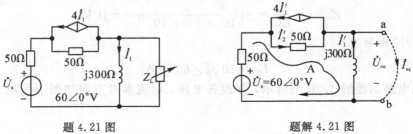

题 4.21 图　　　　　　　　　题解 4.21 图

$$(50+50)\dot{I}_{sc}=60\angle 0°$$

解得

$$\dot{I}_{sc}=6\angle 0° \text{ A}$$

自 ab 两端看的戴维宁等效电源内阻抗

$$Z_o=\frac{\dot{U}_{oc}}{\dot{I}_{sc}}=\frac{30\sqrt{2}\angle 45°}{6\angle 0°}=5+j5 \ \Omega$$

由共轭匹配条件可知，当

$$Z_L=Z_o^*=5-j5 \ \Omega$$

时其上可获得最大功率。此时

$$P_{Lmax}=\frac{U_{oc}^2}{4R_o}=\frac{(30\sqrt{2})^2}{4\times 5}=90 \text{ W}$$

4.22 在图示的 Y-Y 对称三相电路中，已知 $\dot{U}_A=10\angle 30° \text{ V}$，$\dot{U}_B=10\angle -90°\text{V}$，$\dot{U}_C=10\angle 150° \text{ V}$，$Z_A=Z_B=Z_C=5\angle 60°\Omega$。求线电压 U_1、线电流 I_1 及三相负载吸收的总功率 P。

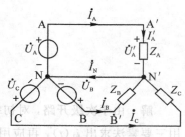
题 4.22 图

解 对称 Y-Y 三相电路线电压有效值 U_1 等于相电压有效值 U_p 的 $\sqrt{3}$ 倍；线电流有效值 I_1 等于相电流有效值 I_p。所以本问题的线电压

$$U_1=\sqrt{3}U_p=10\sqrt{3} \text{ V}$$

线电流

$$I_1=I_p=\frac{U_A}{|Z|}=\frac{10}{5}=2 \text{ A}$$

三相负载吸收的总功率

$$P=\sqrt{3}U_1 I_1 \cos\varphi_z=\sqrt{3}\times 10\sqrt{3}\times 2 \cos(60°)=30 \text{ W}$$

第5章 互感与理想变压器

5.1 图示电路中，已知 $R_1 = 1\ \Omega$，$L_1 = L_2 = 1\ H$，$M = 0.5\ H$，$i_1(0_-) = 0$，$u_s(t) = 10\varepsilon(t)\ V$，求 $u_{ab}(t)$。

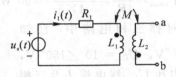

题解 5.1 图

解 由于次级开路，对初级回路无影响，初级回路为恒定激励的 RL 一阶电路，先应用三要素法求出 $i_1(t)$，再应用互感线圈上电压、电流关系求得 $u_{ab}(t)$。

因 $i_1(t)$ 就是电感 L_1 中电流，所以根据换路定律，有

$$i_1(0_+) = i_1(0_-) = 0$$

当 $t = \infty$ 时对激励源为 $10\varepsilon(t)$ 来说 L_1 相当于短路，则

$$i_1(\infty) = \frac{10}{R_1} = \frac{10}{1} = 10\ A$$

时间常数

$$\tau = \frac{L_1}{R_1} = \frac{1}{1} = 1\ s$$

将 $i_1(0_+)$、$i_1(\infty)$ 和 τ 代入三要素公式，得

$$i_1(t) = i_1(\infty) + [i_1(0_+) - i_1(\infty)]e^{-\frac{1}{\tau}t}$$

$$= 10 - 10e^{-t}\ A,\ t \geqslant 0_+ \ (习惯写为\ t \geqslant 0)$$

因为次级开路，次级电感 L_2 中无电流，所以 ab 端电压无自感压降部分，只有初级电流 $i_1(t)$ 在 L_2 上产生的互感压降。由同名端位置及所设出的电压、电流参考方向，可得电压为

$$u_{ab}(t) = -M\frac{di_1}{dt} = -0.5\frac{d}{dt}[10 - 10e^{-t}] = -5e^{-5t}\ V,\ t \geqslant 0$$

5.2 题 5.2 图(a)所示电路中，已知 $L_1 = 4\ H$，$L_2 = 2\ H$，$M = 0.5\ H$，$i_1(t)$、$i_2(t)$ 波形如题 5.2 图(b)、题 5.2 图(c)所示，试画出 $u_1(t)$、$u_2(t)$ 的波形。

解 由题 5.2 图(a)互感线圈所示同名端位置及电压、电流参考方向可得

$$u_1(t) = L_1 \frac{di_1}{dt} - M \frac{di_2}{dt} = 4 \frac{di_1}{dt} - 0.5 \frac{di_2}{dt} \tag{1}$$

$$u_2(t) = L_2 \frac{di_2}{dt} - M \frac{di_1}{dt} = 2 \frac{di_2}{dt} - 0.5 \frac{di_1}{dt} \tag{2}$$

由题 5.2 图(b)写出 $i_1(t)$ 的分段函数表示式为

$$i_1(t) = \begin{cases} 0, & t \leqslant 0 \\ t \text{ A}, & 0 \leqslant t \leqslant 1 \text{ s} \\ 1 \text{ A}, & 1 \leqslant t \leqslant 2 \text{ s} \\ -t+3 \text{ A}, & 2 \leqslant t \leqslant 3 \text{ s} \\ 0, & t \geqslant 3 \text{ s} \end{cases} \tag{3}$$

由题 5.2 图(c)写出 $i_2(t)$ 的分段函数表示式为

$$i_2(t) = \begin{cases} 0, & t \leqslant -1 \text{s} \\ t+1 \text{A}, & -1 \leqslant t \leqslant 0 \text{ s} \\ -\frac{1}{2}t+1 \text{ A}, & 0 \leqslant t \leqslant 2 \text{ s} \\ \frac{1}{2}t-1 \text{ A}, & 2 \leqslant t \leqslant 4 \text{ s} \\ 1 \text{ A}, & t \geqslant 4 \text{ s} \end{cases} \tag{4}$$

将式(3)、式(4)分别代入式(1)和式(2)，经微分运算得电压

$$u_1(t) = \begin{cases} 0, & t < -1 \text{ s} \\ -0.5 \text{ V}, & -1 \leqslant t < 0 \text{ s} \\ 4.25 \text{ V}, & 0 \leqslant t < 1 \text{ s} \\ 0.25 \text{ V}, & 1 \leqslant t < 2 \text{ s} \\ -4.25 \text{ V}, & 2 \leqslant t < 3 \text{s} \\ -0.25 \text{ V}, & 3 \leqslant t < 4 \text{ s} \\ 0, & t \geqslant 4 \text{s} \end{cases} \tag{5}$$

$$u_2(t) = \begin{cases} 0, & t < -1 \text{ s} \\ 2 \text{ V}, & -1 \leqslant t < 0 \text{ s} \\ -1.5 \text{ V}, & 0 \leqslant t < 1 \text{ s} \\ -1 \text{ V}, & 1 \leqslant t < 2 \text{ s} \\ 1.5 \text{ V}, & 2 \leqslant t < 3 \text{ s} \\ 1 \text{ V}, & 3 \leqslant t < 4 \text{ s} \\ 0, & t \geqslant 4 \text{ s} \end{cases} \tag{6}$$

由式(5)、式(6)可分别画出的 $u_1(t)$、$u_2(t)$ 的波形如题解 5.2 图(a)、图(b)所示。

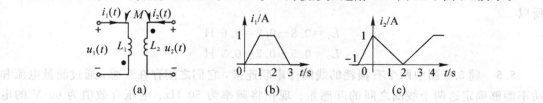

(a)　　　　　(b)　　　　　(c)

题 5.2 图

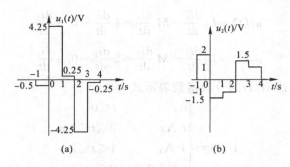

(a)　　　　　　　　(b)

题解 5.2 图

5.3 图示电路中，bc 端开路，已知 $i_s(t)=2e^{-t}$ A，求电压 $u_{ac}(t)$、$u_{ab}(t)$ 和 $u_{bc}(t)$。

解 bc 端开路，L_2 中电流为零，L_1 中电流即是 $i_s(t)$。L_1 上只有自感压降，L_2 上只有互感压降。由图可求得电压

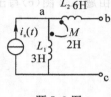

题 5.3 图

$$u_{ac}(t)=L_1\frac{di_s}{dt}=3\times(-2e^{-t})=-6e^{-t}\ \mathrm{V}$$

$$u_{ab}(t)=M\frac{di_s}{dt}=2\times(-2e^{-t})=-4e^{-t}\ \mathrm{V}$$

$$u_{bc}(t)=-u_{ab}(t)+u_{ac}(t)=-(-4e^{-t})+(-6e^{-t})=-2e^{-t}\ \mathrm{V}$$

5.4 一个电路如题 5.4 图所示，该电路中具有的负电感无法实现，拟通过互感电路等效来实现负电感。试画出具有互感的设计电路，标出互感线圈的同名端，并计算出互感线圈的各元件值。

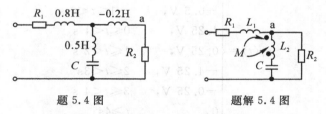

题 5.4 图　　　　　　　　　题解 5.4 图

解 在画耦合电感 T 形去耦等效电路时，若互感线圈两个异名端子作为 T 形等效电路的公共端子，则与公共端相连的就是 $-M(M>0)$ 的一个等效负电感。

据以上分析，使所设计的互感电路以 a 点作为异名端公共连接端子，互感线圈中 L_1 的另一端子连接电阻 R_1，L_2 的另一端子连接电容 C，其设计电路如题解 5.4 图所示。对照两电路可知

$$M=0.2\ \mathrm{H}$$
$$L_1+M=0.8\ \mathrm{H}$$
$$L_2+M=0.5\ \mathrm{H}$$

所以

$$L_1=0.8-0.2=0.6\ \mathrm{H}$$
$$L_2=0.5-0.2=0.3\ \mathrm{H}$$

5.5 题 5.5 图中两个有损耗的线圈作串联连接，它们之间存在互感，通过测量电流和功率能够确定这两个线圈之间的互感量。现在将频率为 50 Hz、电压有效值为 60 V 的电源，加在串联线圈两端进行实验。当两线圈顺接（即异名端相连）时，如图（a）所示，测得电

流有效值为 2 A，平均功率为 96 W；当两线圈反接(即同名端相连)时，如图(b)所示，测得电流为2.4 A。试确定该两线圈间的互感值 M。

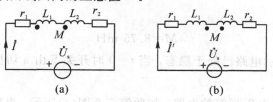

题 5.5 图

解 两线圈顺接时(两线圈连接端子为异名端)，由二端口电路计算平均功率公式

$$P = UI\cos\varphi_z$$

得

$$\cos\varphi_z = \frac{P}{UI} = \frac{96}{60\times2} = 0.8$$

这时的阻抗模值

$$|Z| = \frac{U}{I} = \frac{60}{2} = 30\ \Omega$$

回路中阻抗 Z 中的电阻部分即相串联两线圈的损耗电阻之和

$$R = r_1 + r_2 = |Z|\cos\varphi_z = 30\times0.8 = 24\ \Omega$$

阻抗 Z 中的电抗即相串联的两个互感线圈等效电感的感抗

$$X_L = |Z|\sin\varphi_z = 30\times\sqrt{1-0.8^2} = 18\ \Omega$$

等效电感

$$L = \frac{X_L}{2\pi f} = \frac{18}{100\pi} = 57.3\ \text{mH}$$

由于是顺接，等效电感

$$L = L_1 + L_2 + 2M = 57.3\ \text{mH} \tag{1}$$

当两线圈反接时，其回路中损耗电阻不变，这时电路中的平均功率

$$P' = I'^2 R = (2.4)^2\times24 = 138.2\ \text{W}$$

阻抗的模值

$$|Z'| = \frac{U}{I'} = \frac{60}{2.4} = 25\ \Omega$$

功率因数

$$\cos\varphi_z' = \frac{P'}{UI} = \frac{138.2}{60\times2.4} = 0.96$$

阻抗 Z' 中的感抗

$$X_L' = |Z'|\sin\varphi_z' = 25\times\sqrt{1-0.96^2} = 7\ \Omega$$

等效电感

$$L' = \frac{X_L'}{2\pi f} = \frac{7}{100\pi} = 22.3\ \text{mH}$$

由于反接的等效电感

$$L' = L_1 + L_2 - 2M = 22.3\ \text{mH} \tag{2}$$

式(1)—式(2)，得

$$4M=35 \text{ mH}$$

所以互感

$$M=8.75 \text{ mH}$$

5.6 题 5.6 图所示电路已处于稳态，当 $t=0$ 时开关 S 由 a 切换至 b，求 $t \geqslant 0$ 时电流 $i_2(t)$，并画出波形图。

解 将互感线圈画为 T 形等效电路，如题解 5.6 图(a)所示，再应用电感串并联等效将题解 5.6 图(a)等效为题解 5.6 图(b)。因原电路已处于稳态，所以由题解 5.6 图(b)求得

$$i_1(0_-)=\frac{6}{2}=3 \text{ A}$$

则由换路定律，得

$$i_1(0_+)=i_1(0_-)=3 \text{ A}$$

当 $t=\infty$ 时 4 H 电感相当于短路，求得

$$i_1(\infty)=\frac{12}{2}=6 \text{ A}$$

电路的时间常数

$$\tau=\frac{4}{2}=2 \text{ s}$$

将 $i_1(0_+)$、$i_1(\infty)$ 和 τ 代入三要素公式，得

$$i_1(t)=i_1(\infty)+[i_1(0_+)-i_1(\infty)]e^{-\frac{1}{\tau}t}$$
$$=6+[3-6]e^{-0.5t}=6-3e^{-0.5t} \text{ A}, \ t \geqslant 0$$

再返回题解 5.6 图(a)，应用电感并联分流关系求得

$$i_2(t)=\frac{1}{1+1}i_1(t)=3-1.5e^{-0.5t} \text{ A}, \ t \geqslant 0$$

其波形如题解 5.6 图(c)所示。

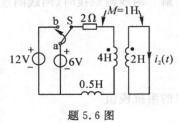

题 5.6 图

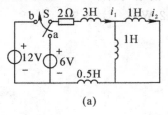 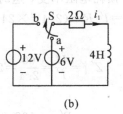 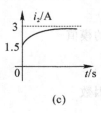

(a)　　　　　　　　(b)　　　　　　　　(c)

题解 5.6 图

5.7 题 5.7 图所示为全耦合空芯变压器，求证：当次级短路时从初级两端看的输入阻抗 $Z_{in}=0$；当次级开路时从初级两端看的输入阻抗 $Z_{in}=j\omega L_1$。

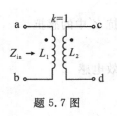

题 5.7 图

证明 $k=1$ 知互感 $M=\sqrt{L_1 L_2}$。画 T 形去耦等效电路并将 cd 端短路，如题解 5.7 图(a)所示。将图(a)的 cd 端开路如图(b)所示。由图(a)，得

$$Z_{in}=j\omega[L_1-\sqrt{L_1L_2}+\sqrt{L_1L_2}//(L_2-\sqrt{L_1L_2})]=0$$

由图(b),得

$$Z_{in}=j\omega[L_1-\sqrt{L_1L_2}+\sqrt{L_1L_2}]=j\omega L_1$$

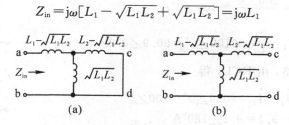

题解 5.7 图

本问题亦可将全耦合空芯变压器用一理想变压器模型在其初级并联上电感 L_1 来表示,由理想变压器次级短路初级亦短路、次级开路初级亦开路的概念证明该命题。

5.8 求题 5.8 图所示的两个电路从 ab 端看的等效电感 L_{ab}。

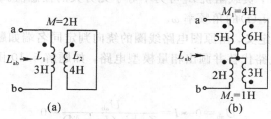

题 5.8 图

解 应用互感 T 形去耦等效,将题 5.8 图(a)、题 5.8 图(b)分别等效为题解 5.8 图(a)、题解 5.8 图(b)。再应用电感串并联等效求得

图(a):$L_{ab}=1+2//2=2$ H

图(b):$L_{ab}=1+[4+(-1)]//(2+4)+3=6$ H

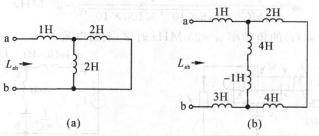

题解 5.8 图

5.9 自耦变压器是在一个线圈上中间某处抽一个头达到自相耦合的目的,自耦变压器的连接公共端一定是异名端。若该自耦变压器可看成是理想变压器,并知有效值电压 $U_{ac}=220$ V, $U_{bc}=200$ V,试求流过绕组的电流有效值 I_1、I_3。

解 自耦变压器对求 $\dot{U}_1$、$\dot{I}_1$、$\dot{U}_2$、$\dot{I}_2$ 来说可以等效为题解 5.9 图所示的理想变压器。设 a 端到 c 端的匝数为 N_1,b 端到 c 端的匝数为 N_2,显然,有

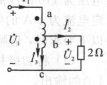

题 5.9 图

$$\frac{N_1}{N_2}=\frac{U_1}{U_2}=\frac{220}{200}=1.1$$

设 $\dot{U}_2 = 200\angle 0°\,\mathrm{V}$，则

$$\dot{I}_2 = \frac{\dot{U}_2}{2} = \frac{200\angle 0°}{2} = 100\angle 0°\,\mathrm{A}$$

$$\dot{I}_1 = \frac{N_2}{N_1}\dot{I}_2 = \frac{1}{1.1}\times 100\angle 0° = 90.9\angle 0°\,\mathrm{A}$$

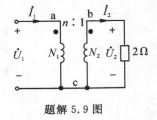

题解 5.9 图

返回题 5.9 图所示电路，由 KCL，得

$$\dot{I}_3 = \dot{I}_1 - \dot{I}_2 = 90.9\angle 0° - 100\angle 0°$$
$$= -9.1 = 9.1\angle 180°\,\mathrm{A}$$

所以流过绕组的电流有效值分别为

$$I_1 = 90.9\,\mathrm{A},\ I_3 = 9.1\,\mathrm{A}$$

5.10 题 5.10 图所示电路，已知 $R = 100\ \Omega$，$L_1 = 80\ \mu\mathrm{H}$，$L_2 = 50\ \mu\mathrm{H}$，互感 $M = 16\ \mu\mathrm{H}$，电容 $C = 100\ \mathrm{pF}$，负载阻抗 Z_L 可为不等于无穷大的任意值。欲得到负载中电流 i 等于零，试求正弦电压源 $u_s(t)$ 的角频率 ω。

解 根据同名端的定义，由原图电路线圈的绕向判定同名端如题解 5.10 图(a)所示。互感线圈用 T 形等效电路代替并画出相量模型电路，如题解 5.10 图(b)所示。当 ab 端的阻抗 $Z_{ab} = 0$ 时，则有

$$\dot{U}_{ab} = 0 \rightarrow \dot{I} = \frac{\dot{U}_{ab}}{Z_L + \mathrm{j}\omega(L_2 - M)} = 0$$

由

$$Z_{ab} = \mathrm{j}\left(\omega M - \frac{1}{\omega C}\right) = 0$$

解得

$$\omega = \frac{1}{\sqrt{MC}} = \frac{1}{\sqrt{16\times 10^{-6}\times 100\times 10^{-12}}} = 25\ \mathrm{MHz}$$

所以当正弦电压源 $u_s(t)$ 的角频率 $\omega = 25\ \mathrm{MHz}$ 时 Z_L 上的电流 $i = 0$。

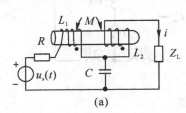 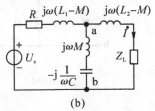

题解 5.10 图

5.11 题 5.11 图所示电路中的变压器有两个额定电压为 110 的线圈，次级有两个额定电压为 12 V、额定电流为 1 A 的线圈，同名端标示于图上。若要满足以下要求时，请画出接线图，并简述理由。

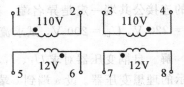

题 5.11 图

(1) 将初级接到 220 V 电源，从次级得到 24 V、1 A 的输出。

(2) 将初级接到 220 V 电源，从次级得到 12 V、2 A 的输出。

解 根据图示电路所标定的端子及同名端位置，可进行如下连接以满足题目要求。

（1）2 与 4 端相接，1 与 3 两端接 220 V 电源。5 与 7 端相接，6 与 8 两端接负载，给出 24 V、1 A 的输出（额定）。

（2）2 与 4 端相接，1 与 3 两端接 220 V 电源。6 与 7 端相接、5 与 8 端相接，相接以后的两端（6 与 7 端和 5 与 8 端）之间接负载，给出 12 V、2 A 的输出（额定）。

两种情况的连接图分别如题解 5.11 图(a)、题解 5.11 图(b)所示。

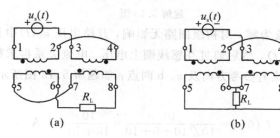

题解 5.11 图

5.12 题 5.12 图所示的是含理想变压器电路，负载阻抗 Z_L 可任意改变。问 Z_L 等于多大时其上可获得最大功率，并求出该最大功率 P_{Lmax}。

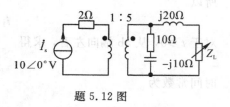

题 5.12 图

解 在图示电路中设 a、b 两点，自 ab 端断开 Z_L，并设开路电压 $\dot{U}_{oc}$ 如题解 5.12 图(a)所示。应用理想变压器变流关系求得电流

$$\dot{I}_2 = \frac{1}{5}\dot{I}_s = \frac{1}{5} \times 10\angle 0° = 2\angle 0° \text{ A}$$

由题解 5.12 图(a)可见

$$\dot{U}_{oc} = (10-j10)\dot{I}_2 = 10\sqrt{2}\angle -45° \times 2\angle 0° = 20\sqrt{2}\angle -45° \text{ V}$$

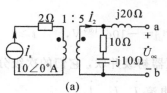
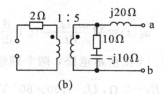

题解 5.12 图

将题解 5.12 图(a)中电流源 $\dot{I}_s$ 断开，如题解 5.12 图(b)所示。考虑理想变压器次级开路相当于初级亦开路的特性，由图(b)容易求得

$$Z_o = j20 + 10 - j10 = 10 + j10 \ \Omega$$

由最大功率传输定理可知，当

$$Z_L = Z_o^* = 10 - j10 \ \Omega$$

时负载 Z_L 上可获得最大功率。其最大功率为

$$P_{Lmax} = \frac{U_{oc}^2}{4R_o} = \frac{(20\sqrt{2})^2}{4\times 10} = 20 \text{ W}$$

5.13 图示互感电路已处于稳态，当 $t=0$ 时开关 S 突然打开，求 $t \geqslant 0$ 时的开路电压 $u_2(t)$。

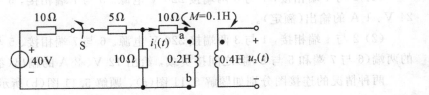

题解 5.13 图

解 次级开路，电流为零，对初级回路无影响，开路电压 $u_2(t)$ 中只有互感压降。先应用三要素公式求电流 $i_1(t)$，然后通过互感线圈上电压、电流关系再求得 $u_2(t)$。

在图示电路中设电流 i_1 参考方向及 a、b 两点，如题解 5.13 图所示。

据题意知

$$i_1(0_-) = \frac{40}{10//10+5+10} \times \frac{10}{10+10} = 1 \text{ A}$$

所以

$$i_1(0_+) = i_1(0_-) = 1 \text{ A}$$

对于 $t \geqslant 0$，从 ab 端向左看，求得

$$R_0 = 10+10 = 20 \ \Omega$$

时间常数为

$$\tau = \frac{L_1}{R_0} = \frac{0.2}{20} = 0.01 \text{ s}$$

当 $t \geqslant 0$ 时电路中无激励源，在 $t = \infty$ 时，原存储于 0.2 H 电感中有限的能量已耗尽，所以

$$i_1(\infty) = 0$$

将 $i_1(0_+)$、$i_1(\infty)$ 和 τ 代入三要素公式，求得

$$i_1(t) = i_1(\infty) + [i_1(0_+) - i_1(\infty)] e^{-\frac{1}{\tau}t} = e^{-100t} \text{A}, \qquad t \geqslant 0$$

故得开路电压

$$u_2(t) = M\frac{\mathrm{d}i_1(t)}{\mathrm{d}t} = 0.1 \frac{\mathrm{d}}{\mathrm{d}t}[e^{-100t}] = -10e^{-100t} \text{V}, \qquad t \geqslant 0$$

5.14 题 5.14 图所示电路，两个理想变压器初级并联，它们的次级分别接 R_1 和 R_2。已知 $R_1 = 1 \ \Omega$，$R_2 = 2 \ \Omega$，$\dot{U}_s = 100\angle 60° \text{ V}$。求电流 $\dot{I}$、$\dot{I}_1$、$\dot{I}_2$。

解 设变压器的匝比为 $n_1 = 10$，$n_2 = 5$。应用理想变压器阻抗变换关系，分别求得输入电阻

$$R_{in1} = n_1^2 R_1 = 10^2 \times 1 = 100 \ \Omega$$
$$R_{in2} = n_2^2 R_2 = 5^2 \times 2 = 50 \ \Omega$$

初级等效电路如题解 5.14 图所示。

$$\dot{I}_3 = \frac{\dot{U}_s}{R_{in1}} = \frac{100\angle 60°}{100} = 1\angle 60° \text{A}$$

$$\dot{I}_4 = \frac{\dot{U}_s}{R_{in2}} = \frac{100\angle 60°}{50} = 2\angle 60° \text{A}$$

由 KCL，得

$$\dot{I}=\dot{I}_3+\dot{I}_4=1\angle 60°+2\angle 60°=3\angle 60°\text{A}$$

由理想变压器的电流关系得

$$\dot{I}_1=n_1\dot{I}_3=10\times 1\angle 60°=10\angle 60°\text{A}$$

$$\dot{I}_2=-n_2\dot{I}_4=-5\times 2\angle 60°=10\angle -120°\text{A}$$

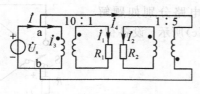 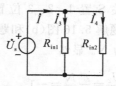

题 5.14 图　　　　　　　　　　　题解 5.14 图

5.15 图示正弦稳态电路，两个理想变压器的匝数比已标注在图上，已知 $\dot{U}_s=16\angle 75°$ V，求 $\dot{I}_1$、$\dot{U}_2$ 和 R_L 上吸收的平均功率 P_L。

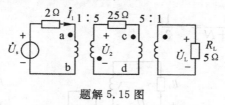

题解 5.15 图

解　在图示电路中设 a、b、c、d 点以及 $\dot{U}_L$ 的参考方向，如题解 5.15 图所示。应用理想变压器的阻抗变换关系求得

$$R_{cd}=\left(\frac{5}{1}\right)^2 R_L=25\times 5=125\ \Omega$$

$$R_{ab}=\left(\frac{1}{5}\right)^2(25+R_{cd})=\left(\frac{1}{25}\right)\times(25+125)=6\ \Omega$$

所以电流

$$\dot{I}_1=\frac{\dot{U}_s}{2+R_{ab}}=\frac{16\angle 0°}{2+6}=2\angle 0°\text{A}$$

电压

$$\dot{U}_{ab}=R_{ab}\dot{I}_1=6\times 2\angle 0°=12\angle 0°\text{V}$$

由变压关系求得

$$\dot{U}_2=-\frac{5}{1}\times\dot{U}_{ab}=-5\times 12\angle 0°=60\angle 180°\text{V}$$

经电阻串联分压，得

$$\dot{U}_{cd}=\frac{R_{cd}}{25+R_{cd}}\dot{U}_2=\frac{125}{25+125}\times 60\angle 180°=50\angle 180°\text{V}$$

再次应用变压关系，得

$$\dot{U}_L=\left(\frac{1}{5}\right)\dot{U}_{cd}=\left(\frac{1}{5}\right)\times 50\angle 180°=10\angle 180°\text{V}$$

所以负载 R_L 上吸收的平均功率

$$P_L = \frac{U_L^2}{R_L} = \frac{10^2}{5} = 20 \text{ W}$$

5.16 两个理想变压器初、次级线圈都具有相同的匝数,进行如题 5.16 图所示的连接。转换开关 S 可顺次接通触点 1、2、3。已知 $R_1 = 4 \text{ k}\Omega$、$R_2 = 1 \text{ k}\Omega$。试计算开关 S 处于触点 1、2、3 不同位置时电压的比值 $\dot{U}_2/\dot{U}_1$。

解 开关 S 置 1、2、3 位置时相应的电路分别如题解 5.16 图(a)、题解 5.16 图(b)和题解 5.16 图(c)所示。设各初、次级匝数均为 N。显然

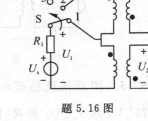

题 5.16 图

图(a): $\dfrac{\dot{U}_2}{\dot{U}_1} = -\dfrac{N}{N} = -1$

图(b): $\dfrac{\dot{U}_2}{\dot{U}_1} = -\dfrac{N}{N+N} = -\dfrac{1}{2}$

图(c): $\dfrac{\dot{U}_2}{\dot{U}_1} = -\dfrac{N}{N+N+N} = -\dfrac{1}{3}$

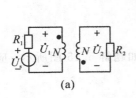

(a)

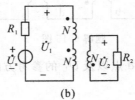

(b)

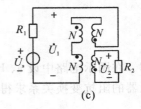

(c)

题解 5.16 图

5.17 题 5.17 图所示电路,输出变压器的次级负载为 4 个并联的扬声器,每个扬声器的电阻是 16 Ω。信号源内阻 $R_s = 5 \text{ k}\Omega$,若要扬声器获得最大功率,可利用变压器进行阻抗变换。

(1) 假如变压器可认为是理想变压器,试决定变压器的匝数比 $n = N_1/N_2$。

(2) 假如要求变压器为全耦合空芯变压器,它的初级电感 $L_1 = 0.1 \text{ H}$,经实验得知:在某种径粗、某种铁磁材料的芯上,绕 100 匝时其电感量为 1 mH。试决定此实际变压器的匝数 N_1、N_2。

解 4 个阻值为 16 Ω 的扬声器并联,其等效电阻

$$R = \frac{1}{4} \times 16 = 4 \text{ Ω}$$

(1) 当为理想变压器时,从初级看的输入电阻

$$R_{in} = n^2 R = 4n^2 \text{ Ω}$$

由最大功率传输定理可知,当

$$R_{in} = 4n^2 = R_s = 5 \times 10^3 \text{ Ω}$$

时,负载上能获得最大功率,所以匝数比

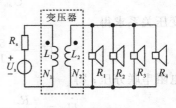

题 5.17 图

$$n=\sqrt{\frac{5000}{4}}\approx35$$

（2）实际变压器的初级匝数

$$N_1=100\times\frac{0.1}{1\times10^{-3}}=10\ 000$$

次级匝数

$$N_2=\frac{N_1}{n}=\frac{10\ 000}{35}\approx286$$

5.18 图示的正弦稳态电路，已知理想变压器的匝数比为 $(N_1/N_2)=1/2$，$R_1=R_2=10\ \Omega$，$1/(\omega C)=50\ \Omega$，$\dot{U}_s=50\angle0°\text{V}$，求电压 $\dot{U}_2$。

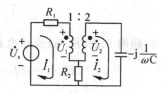

题解 5.18 图

解 在图示电路上设网孔电流 $\dot{I}_1$、$\dot{I}_2$，如题解 5.18 图所示。列写网孔方程

$$\begin{cases}(R_1+R_2)\dot{I}_1-R_2\dot{I}_2=\dot{U}_s-\dot{U}_1\\-R_2\dot{I}_1+\left(R_2-\text{j}\dfrac{1}{\omega C}\right)\dot{I}_2=\dot{U}_2\end{cases}$$

代入已知的数据即得

$$\begin{cases}20\dot{I}_1-10\dot{I}_2=50-\dot{U}_1 & (1)\\-10\dot{I}_1+(10-\text{j}50)\dot{I}_2=\dot{U}_2 & (2)\end{cases}$$

由题解 5.18 图中理想变压器的同名端位置及电压、电流参考方向可知变流、变压关系分别为

$$\dot{I}_1=2\dot{I}_2 \tag{3}$$

$$\dot{U}_2=2\dot{U}_1 \tag{4}$$

式（3）代入式（1），有

$$30\dot{I}_2=50-\dot{U}_1\rightarrow\dot{I}_2=\frac{50-\dot{U}_1}{30} \tag{5}$$

式（3）、式（4）代入式（2）并整理得

$$(10+\text{j}50)\dot{I}_2=-2\dot{U}_1\rightarrow\dot{I}_2=-\frac{2\dot{U}_1}{10+\text{j}50} \tag{6}$$

令式（5）＝式（6），有

$$\frac{50-\dot{U}_1}{30}=-\frac{2\dot{U}_1}{10+\text{j}50}$$

解上式，得

$$\dot{U}_1=36\angle-56.3°\ \text{V}$$

所以

$$\dot{U}_2=2\dot{U}_1=72\angle56.3°\ \text{V}$$

5.19 题 5.19 图所示的是含互感的正弦稳态电路，已知 $\dot{U}_s = 10\angle 0° \text{V}$，$\omega L_1 = 4\ \Omega$，$\omega L_2 = 3\ \Omega$，$\omega M = 1/(\omega C) = 2\ \Omega$，$R = 2\ \Omega$，求电压 $\dot{U}_2$。

解 对图中互感线圈进行 T 形去耦等效变换，并画相应的相量模型电路，如题解 5.19 图(a)所示。

应用阻抗串并联将图(a)等效为图(b)。显然

$$\dot{I}_2 = 0$$

$$\dot{I}_1 = \dot{I}_3 = \frac{\dot{U}_s}{\text{j}2} = \frac{10\angle 0°}{\text{j}2} = 5\angle -90°\ \text{A}$$

回题解 5.19 图(a)所示电路，得电压

$$\dot{U}_2 = -\text{j}2\dot{I}_3 + \text{j}1 \times \dot{I}_2 = -\text{j}2 \times 5\angle -90° = 10\angle -180°\ \text{V}$$

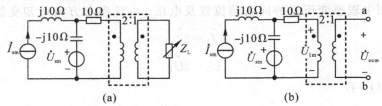

题 5.19 图　　　　　　　　　　题解 5.19 图

5.20 题解 5.20 图(a)所示的正弦稳态电路，虚线框所围部分为理想变压器，已知 $\dot{I}_{sm} = 2\angle 0°\ \text{A}$，$\dot{U}_{sm} = 20\angle 0°\ \text{V}$，负载阻抗 Z_L 可任意改变，问 Z_L 为何值时其上可获得最大功率，并求出该最大功率 P_{Lmax}。

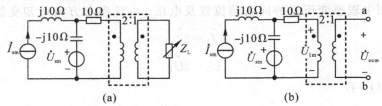

题解 5.20 图

解 自 ab 断开 Z_L 并设开路电压 $\dot{U}_{ocm}$ 如题解 5.20 图(b)所示。对于理想变压器，次级开路相当于初级亦开路，所以电压

$$\dot{U}_{1m} = -\text{j}10\dot{I}_{sm} + \dot{U}_{sm} = -\text{j}10 \times 2\angle 0° + 20\angle 0° = 20 - \text{j}20\ \text{V}$$

由变压关系得

$$\dot{U}_{ocm} = \frac{1}{2}\dot{U}_{1m} = 10 - \text{j}10 = 10\sqrt{2}\angle -45°\ \text{V}$$

将图(b)中独立电流源开路，独立电压源短路，应用阻抗变换关系，得

$$Z_o = \left(\frac{1}{2}\right)^2 \times (10 - \text{j}10) = 2.5 - \text{j}2.5\ \Omega$$

由共轭匹配条件可知，当 $Z_L = Z_o^* = 2.5 + \text{j}2.5\ \Omega$ 时，其上可获得最大平均功率。此时

$$P_{Lmax} = \frac{U_{oc}^2}{4R_o} = \frac{10^2}{4 \times 2.5} = 10\ \text{W}$$

第 6 章　电路频率响应

6.1　题 6.1 图所示的简单 RC 并联电路在电子线路中常用来产生晶体管放大器的自给偏压。图中电流 $\dot{I}$ 看成是激励，电压 $\dot{U}$ 看成是响应。试求该一阶网络的网络函数 $H(\mathrm{j}\omega)$、截止角频率 ω_c，并画出它的幅频特性和相频特性。

解　网络函数为

$$H(\mathrm{j}\omega)=\frac{\dot{U}}{\dot{I}}=\frac{R\cdot\dfrac{1}{\mathrm{j}\omega C}}{R+\dfrac{1}{\mathrm{j}\omega C}}=\frac{R}{1+\mathrm{j}\omega RC}=\frac{R}{\sqrt{1+\omega^2 R^2 C^2}}\mathrm{e}^{-\mathrm{j}\omega RC}$$

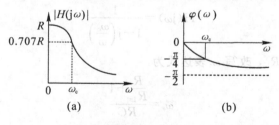

题 6.1 图

$$H(\mathrm{j}\omega)=|H(\mathrm{j}\omega)|\,\mathrm{e}^{\mathrm{j}\varphi(\omega)}$$

式中

$$|H(\mathrm{j}\omega)|=\frac{R}{\sqrt{1+\omega^2 R^2 C^2}} \tag{1}$$

$$\varphi(\omega)=-\arctan(\omega RC) \tag{2}$$

令式(1)中 $\omega RC=1$，解得

$$\omega_c=\frac{1}{RC}\ \mathrm{rad/s}$$

由式(1)、式(2)画出的该网络的幅频特性、相频特性曲线如题解 6.1 图(a)、图(b)所示。

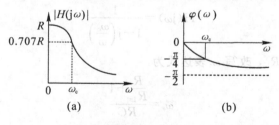

(a)　　　　　　　　(b)

题解 6.1 图

6.2　题 6.2 图所示的简单 RC 串联电路常作为放大器的 RC 耦合电路。前级放大器输出的信号电压通过它输送到下一级放大器，C 称为耦合电容。下一级放大器的输入电阻并接到 R 两端，作为它的负载电阻 R_L。试分析该耦合电路的频率特性(求出截止角频率 ω_c，画出幅频和相频特性的草图)，并讨论负载 R_L 大小对频率特性的影响。

解　由题意可知 $\dot{U}_1$ 为输入，$\dot{U}_2$ 为输出。该网络的网络函数为

$$H(\mathrm{j}\omega)=\frac{\dot{U}_2}{\dot{U}_1}=\frac{\dfrac{RR_L}{R+R_L}}{\dfrac{RR_L}{R+R_L}-\mathrm{j}\dfrac{1}{\omega C}}=\frac{1}{1-\mathrm{j}\dfrac{R+R_L}{\omega CRR_L}}=|H(\mathrm{j}\omega)|\,\varepsilon^{\mathrm{j}\varphi(\omega)}$$

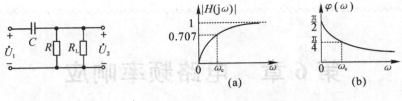

题 6.2 图　　　　　　　　　　　　题解 6.2 图

式中

$$|H(j\omega)| = \frac{1}{\sqrt{1 + \left(\dfrac{R+R_L}{\omega CRR_L}\right)^2}} \tag{1}$$

$$\varphi(\omega) = \arctan\left(\frac{R+R_L}{\omega CRR_L}\right) \tag{2}$$

由式(1)、式(2)可画得幅频、相频特性曲线如题解 6.2 图(a)、图(b)所示。令 $\omega = \infty$ 代入式(1)，得

$$|H(j\infty)| = 1$$

联系一阶高通网络截止角频率定义式，有

$$|H(j\omega_c)| = \frac{1}{\sqrt{1 + \left(\dfrac{R+R_L}{\omega_c CRR_L}\right)^2}} = |H(j\infty)| \frac{1}{\sqrt{2}} = \frac{1}{\sqrt{2}}$$

所以欲满足上述条件，必须使

$$\left(\frac{R+R_L}{\omega_c CRR_L}\right)^2 = 1$$

则该网络的截止角频率

$$\omega_c = \frac{R+R_L}{RR_L C} \text{ rad/s} \tag{3}$$

将式(3)代入 $H(j\omega)$ 式中，得

$$H(j\omega) = \frac{1}{1 - j\left(\dfrac{\omega_c}{\omega}\right)} \tag{4}$$

式(3)分子、分母同除 R_L，改写 ω_c 表达式为

$$\omega_c = \frac{\dfrac{R}{R_L} + 1}{RC} \tag{5}$$

由式(5)可明显看出：当 R、C 一定时，增大 R_L 可使 ω_c 减小。

6.3 图示电路为含有受控源的一阶 RC 网络。若以 $\dot{I}_1$ 为激励，$\dot{I}_2$ 为响应，求网络函数 $H(j\omega)$，说明它是高通还是低通网络。若设 $G_1 G_2 <$ $(G_1+G_2+g_m) g_m/\sqrt{2}$，求出截止角频率 ω_c。

解　在图示电路中设节点 a、b 及参考点如题解 6.3 图所示。列写节点方程为

题解 6.3 图

$$\begin{cases} (G_1 + j\omega C)\dot{U}_1 - j\omega C \dot{U}_2 = \dot{I}_1 \\ -j\omega C \dot{U}_1 + (G_2 + j\omega C) = -g_m \dot{U}_1 \end{cases} \tag{1}$$

整理式(1)得

$$\begin{cases} (G_1+j\omega C)\dot{U}_1-j\omega C\dot{U}_2=\dot{I}_1 \\ (g_m-j\omega C)\dot{U}_1+(G_2+j\omega C)=0 \end{cases} \tag{2}$$

解式(2)得

$$\Delta=\begin{vmatrix} G_1+j\omega C & -j\omega C \\ g_m-j\omega C & G_2+j\omega C \end{vmatrix}=G_1G_2+j\omega C(G_1+G_2+g_m)$$

$$\Delta_2=\begin{vmatrix} G_1+j\omega C & \dot{I}_1 \\ g_m-j\omega C & 0 \end{vmatrix}=(-g_m+j\omega C)\dot{I}_1$$

故得

$$\dot{U}_2=\frac{\Delta_2}{\Delta}=\frac{-g_m+j\omega C}{G_1G_2+j\omega C(G_1+G_2+g_m)}\dot{I}_1$$

则电流

$$\dot{I}_2=G_2\dot{U}_2=\frac{-g_mG_2+j\omega CG_2}{G_1G_2+j\omega C(G_1+G_2+g_m)}\dot{I}_1$$

所以网络函数

$$H(j\omega)=\frac{\dot{I}_2}{\dot{I}_1}=\frac{-g_mG_2+j\omega CG_2}{G_1G_2+j\omega C(G_1+G_2+g_m)}$$

则

$$|H(j\omega)|=\frac{\sqrt{g_m^2G_2^2+\omega^2C^2G_2^2}}{\sqrt{G_1^2G_2^2+\omega^2C^2(G_1+G_2+g_m)^2}} \tag{3}$$

将 $\omega=0$、∞ 分别代入式(3)，得

$$|H(j0)|=\frac{g_m}{G_1} \tag{4}$$

$$|H(j\infty)|=\frac{G_2}{G_1+G_2+g_m} \tag{5}$$

设

$$\frac{g_m}{G_1}>\frac{G_2}{G_1+G_2+g_m}$$

且

$$\frac{G_2}{G_1+G_2+g_m}<0.707\frac{g_m}{G_1}$$

即是说，这里设定该网络是低通网络。按低通网络截止角频率的定义式，有

$$|H(j\omega_c)|=\frac{\sqrt{g_m^2G_2^2+\omega_c^2C^2G_2^2}}{\sqrt{G_1^2G_2^2+\omega_c^2C^2(G_1+G_2+g_m)^2}}=|H(j0)|\frac{1}{\sqrt{2}}=\frac{g_m}{G_1}\cdot\frac{1}{\sqrt{2}} \tag{6}$$

将式(6)两端平方，即

$$\frac{g_m^2G_2^2+\omega_c^2C^2G_2^2}{G_1^2G_2^2+\omega_c^2C^2(G_1+G_2+g_m)^2}=\frac{g_m^2}{G_1^2}\cdot\frac{1}{2}$$

所以

$$2g_m^2 G_1^2 G_2^2 + 2\omega_c^2 C^2 G_1^2 G_2^2 = g_m^2 G_1^2 G_2^2 + \omega_c^2 C^2 g_m^2 (G_1 + G_2 + g_m)^2 \tag{7}$$

解式(7)，得该网络的截止角频率

$$\omega_c = \frac{G_1 G_2 g_m}{C\sqrt{g_m^2(G_1+G_2+g_m)^2 - 2G_1^2 G_2^2}} \, \text{rad/s}$$

6.4 在题 6.4 图所示的一阶网络中，若以 $\dot{U}_1$ 为激励，以 $\dot{U}_2$ 为响应，求网络函数 $H(j\omega)$，若设 $R_1 > (\sqrt{2}-1)R_2$，试草绘出幅频特性，并求出截止角频率 ω_c。

题 6.4 图　　　　　　　　　　　题解 6.4 图

解 网络函数为

$$H(j\omega) = \frac{\dot{U}_2}{\dot{U}_1} = \frac{R_2}{\dfrac{R_1 \dfrac{1}{j\omega C}}{R_1 + \dfrac{1}{j\omega C}} + R_2} = \frac{R_2}{\dfrac{R_1}{1+j\omega C R_1} + R_2}$$

$$= \frac{R_2 + j\omega C R_1 R_2}{(R_1 + R_2) + j\omega C R_1 R_2} = |H(j\omega)| e^{j\varphi(\omega)}$$

式中

$$|H(j\omega)| = \frac{\sqrt{R_2^2 + \omega^2 C^2 R_1^2 R_2^2}}{\sqrt{(R_1+R_2)^2 + \omega^2 C^2 R_1^2 R_2^2}} \tag{1}$$

$$\varphi(\omega) = \arctan(\omega C R_1) - \arctan\left(\frac{\omega C R_1 R_2}{R_1 + R_2}\right) \tag{2}$$

由式(1)可画得幅频特性曲线如题解 6.4 图所示。将 $\omega = 0$、∞ 代入式(1)可得

$$|H(j0)| = \frac{R_2}{R_1 + R_2} \tag{3}$$

$$|H(j\infty)| = 1 \tag{4}$$

设

$$\frac{R_2}{R_1 + R_2} < 0.707$$

则由式(3)、式(4)可知该网络是高通网络。按高通截止角频率定义式，有

$$|H(j\omega_c)| = \frac{\sqrt{R_2^2 + \omega_c^2 C^2 R_1^2 R_2^2}}{\sqrt{(R_1+R_2)^2 + \omega_c^2 C^2 R_1^2 R_2^2}} = |H(j\infty)| \frac{1}{\sqrt{2}} = \frac{1}{\sqrt{2}}$$

解得

$$\omega_c = \frac{\sqrt{R_1^2 - R_2^2 + 2R_1 R_2}}{R_1 R_2 C} \, \text{rad/s}$$

这里需要明确的是：本问题中设 $R_1 > (\sqrt{2}-1)R_2$ 条件，是为了保证得有意义的正的 ω_c

值；画出幅频特性曲线，理论上讲应按式(1)函数关系逐点描绘，本题中所绘的幅频特性是草绘的，它只保证了 $\omega=0$、ω_c、∞ 时值是准确的。

6.5 在图示的 rLC 串联谐振电路中，已知信号源电压有效值 $U_s=1$ V，频率 $f=1$ MHz，现调节 C 使回路达到谐振，这时回路电流 $I_0=100$ mA，电容器两端电压 $U_{C0}=100$ V。试求：电路参数 r、L、C 及回路的品质因数 Q 与通频带 BW。

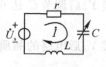

题 6.5 图

解 串联谐振电路谐振时回路电流

$$I_0=\frac{U_s}{r} \rightarrow r=\frac{U_s}{I_0}=\frac{1}{100\times10^{-3}}=10 \ \Omega$$

由于谐振时电容上电压

$$U_{C0}=QU_s \rightarrow Q=\frac{U_{C0}}{U_s}=\frac{100}{1}=100$$

电路通频带为

$$BW=\frac{f_0}{Q}=\frac{10^6}{100}=10^4 \ Hz$$

又

$$BW=\frac{r}{L} \ rad/s$$

则

$$L=\frac{r}{BW}=\frac{10}{2\pi\times10^4}=159 \ \mu H$$

由于

$$\omega_0=2\pi f_0=\frac{1}{\sqrt{LC}}$$

所以

$$C=\frac{1}{(2\pi f_0)^2L}=\frac{1}{(2\times3.14\times10^6)^2\times159\times10^{-6}}=159.5 \ pF$$

6.6 在图示的 rLC 串联谐振电路中，电源频率为 1 MHz，电源有效值 $U_s=0.1$ V，当可变电容器调到 $C=80$ pF 时，电路达谐振。此时，ab 端的电压有效值 $U_c=10$ V。然后，在 ab 端之间接一未知的导纳 Y_x，并重新调节 C 使电路谐振，此时电容值为 60 pF，且 $U_c=$

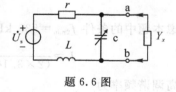

题 6.6 图

8 V。试求所并接 Y_x 中的电导 G_x、电容 C_x，电路中电感 L 和并接 Y_x 前、后的电路通频带 BW。

解 并接 Y_x 前电路处于谐振，电容上电压应是电源电压 Q 倍，所以

$$Q=\frac{U_c}{U_s}=\frac{10}{0.1}=100$$

$$r=\frac{1}{Q\omega_0 C}=\frac{1}{100\times2\times3.14\times10^6\times80\times10^{-12}}=20 \ \Omega$$

考虑当电容调到 80 pF 时与 1 MHz 频率谐振，所以电感

$$L = \frac{1}{(2\pi f_0)^2 C} = \frac{1}{(2 \times 3.14 \times 10^6)^2 \times 80 \times 10^{-12}} = 317 \ \mu H$$

并接 Y_x 后调节 C 达 60 pF 时电路又达谐振，所以

$$C_x = 80 - 60 = 20 \ \text{pF}$$

并接 Y_x 后电路的品质因数

$$Q' = \frac{U_C'}{U_s} = \frac{8}{0.1} = 80$$

$$r + r' = \frac{1}{Q' 2\pi f_0 \times 10^{-12}} = 25 \ \Omega$$

所以

$$r' = 25 - r = 25 - 20 = 5 \ \Omega$$

将 r' 与 C 的串联化为并联，换算为

$$G_x = 1.25 \times 10^{-6} \ \text{S}$$

所以并接 Y_x 前、后电路的通频带分别为

$$BW = \frac{f_0}{Q} = \frac{10^6}{100} = 10^4 \ \text{Hz}$$

$$BW' = \frac{f_0}{Q'} = \frac{10^6}{80} = 1.25 \times 10^4 \ \text{Hz}$$

6.7 广播收音机的输入电路如题 6.7 图所示。调谐可变电容 C 的容量为 $(30 \sim 305)$pF，欲使最低谐振频率为 530 kHz，问线圈的电感量应是多少？接入上述线圈后，该输入电路的调谐频率范围是多少？

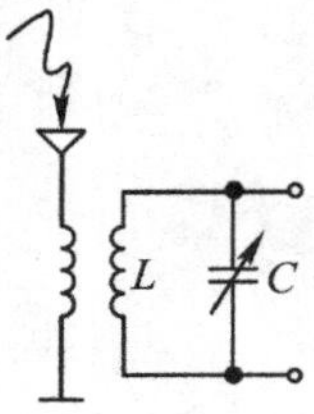

解 由于

$$f_0 = \frac{1}{2\pi \sqrt{LC}}$$

所以电感

$$L = \frac{1}{(2\pi f_0)^2 C} \qquad (1)$$

考虑本题中的条件 $f_{0min} = 530$ kHz，此时电容应是 $C_{max} = 305$ pF，代入式(1)，得

$$L = \frac{1}{(2 \times 3.14 \times 5.30 \times 10^3)^2 \times 305 \times 10^{-12}} = 295 \ \mu H$$

最高调谐频率为

$$f_{0max} = \frac{1}{2\pi \sqrt{LC_{min}}} = \frac{1}{2 \times 3.14 \sqrt{295 \times 10^{-6} \times 30 \times 10^{-12}}} = 1692 \ \text{kHz}$$

故得该输入电路的调谐频率范围为

$$f = (1692 \sim 530) \text{kHz}$$

6.8 在图示的 rLC 串联谐振电路中，已知 $r = 10 \ \Omega$，回路的品质因数 $Q = 100$，谐振频率 $f_0 = 1000$ kHz。

(1) 求该电路的 L、C 和通频带 BW。

(2) 若外加电压源频率 f 等于电路谐振频率 f_0，外加电压

题 6.7 图

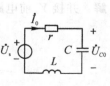

题 6.8 图

源的有效值 $U_s = 100~\mu V$，求此时回路中电流 I_0，电容上电压 U_{C0}。

解 （1）由于

$$Q = \frac{2\pi f_0 L}{r}$$

$$f_0 = \frac{1}{2\pi \sqrt{LC}}$$

所以

$$L = \frac{Qr}{2\pi f_0} = \frac{100 \times 10}{2 \times 3.14 \times 1000 \times 10^3} = 159~\mu H$$

$$C = \frac{1}{(2\pi f_0)^2 L} = \frac{1}{(2 \times 3.14 \times 1000 \times 10^3)^2 \times 159 \times 10^{-6}} = 159~pF$$

电路通频带为

$$BW = \frac{f_0}{Q} = \frac{f_0}{\frac{2\pi f_0 L}{r}} = \frac{r}{2\pi L} = \frac{10}{2 \times 3.14 \times 159 \times 10^{-6}} = 10~kHz$$

（2）当发生串联谐振时回路中电流有效值

$$I_0 = \frac{U_s}{r} = \frac{100}{10} = 10~\mu A$$

这时电容上的电压

$$U_{C0} = QU_s = 100 \times 100 \times 10^{-6} = 10~mV$$

6.9 一个 rLC 串联谐振电路如题 6.9 图所示，已知该电路的谐振角频率 $\omega_0 = 10~000~rad/s$，通频带 $BW = 100~rad/s$，$r = 10~\Omega$，求 L 和 C 的数值。

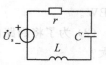

题 6.9 图

解 串联谐振电路的通频带

$$BW = \frac{r}{L} \rightarrow L = \frac{r}{BW} = \frac{10}{100} = 0.1~H$$

谐振角频率为

$$\omega_0 = \frac{1}{\sqrt{LC}} \rightarrow C = \frac{1}{\omega_0^2 L} = \frac{1}{10~000^2 \times 0.1} = 0.1~\mu F$$

6.10 在图示的并联谐振电路中，已知 $r = 40~\Omega$，$L = 10~mH$，$C = 400~pF$。

（1）求谐振频率 f_0、谐振阻抗 R_0、特性阻抗 ρ 及品质因数 Q。

（2）假设外接电压 $\dot{U} = 10\angle 0°V$，求谐振时各支路电流。

（3）假设输入电流 $\dot{I} = 10\angle 0°\mu A$，求谐振时电容电压 U_{C0}。

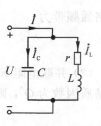

题 6.10 图

解 （1）该并联谐振电路的谐振频率为

$$f = \frac{1}{2\pi \sqrt{LC}} = \frac{1}{2 \times 3.14 \sqrt{10 \times 10^{-3} \times 400 \times 10^{-12}}} = 79.6~kHz$$

谐振阻抗为

$$R_0 = \frac{L}{rC} = \frac{10 \times 10^{-3}}{40 \times 400 \times 10^{-12}} = 625~k\Omega$$

特性阻抗为

$$\rho = \sqrt{\frac{L}{C}} = \sqrt{\frac{10 \times 10^{-3}}{400 \times 10^{-12}}} = 5 \text{ k}\Omega$$

品质因数为

$$Q = \frac{\rho}{r} = \frac{5 \times 10^3}{40} = 125$$

(2) 谐振时回路两端上的电流为

$$\dot{I}_C = \frac{\dot{U}}{R_0} = \frac{10 \angle 0°}{625} = 0.016 \text{ mA} = 16 \text{ } \mu\text{A}$$

电容支路、电感支路电流分别为

$$\dot{I}_{C0} = j\dot{Q}\dot{I}_0 = j125 \times 0.016 \angle 0° = 2 \angle 90° \text{ mA}$$

$$\dot{I}_{L0} = -j\dot{Q}\dot{I}_0 = -j125 \times 0.016 \angle 0° = 2 \angle -90° \text{ mA}$$

(3) 电路谐振时电压

$$U_{C0} = R_0 I = 625 \times 10^3 \times 10 \times 10^{-6} = 6.25 \text{ V}$$

6.11 某电视接收机输入电路的次级为并联谐振电路，如题 6.11 图所示。已知电容 $C = 10$ pF，回路的谐振频率 $f_0 = 80$ MHz，线圈的品质因数 $Q = 100$。

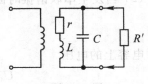
题 6.11 图

(1) 求线圈的电感 L、回路的谐振阻抗 R_0 及通频带 BW。

(2) 为了将回路的通频带展宽为 $\text{BW}' = 3.5$ MHz，需在回路两端并联电阻 R'，R' 应为多大？

解 (1) 电路的电感为

$$L = \frac{1}{(2\pi f_0)^2 C} = \frac{1}{(2 \times 3.14 \times 80 \times 10^6)^2 \times 10 \times 10^{-12}} = 0.39 \text{ } \mu\text{H}$$

谐振阻抗为

$$R_0 = Q\rho = 100 \frac{1}{2\pi f_0 C} = 100 \times \frac{1}{2 \times 3.14 \times 80 \times 10^6 \times 10 \times 10^{-12}} = 20 \text{ k}\Omega$$

电路通频带为

$$\text{BW} = \frac{f_0}{Q} = \frac{80}{100} = 0.8 \text{ MHz}$$

(2) 并联电阻 R' 欲使通频带 $\text{BW}' = 3.5$ MHz，则必使回路品质因数降低，设降低以后的品质因数为 Q'，则

$$Q' = \frac{f_0}{\text{BW}'} = \frac{80}{3.5} = 22.9$$

并联以后回路两端的等效电阻为

$$R_e = R_0 // R' = Q'\rho = \frac{Q'}{Q}Q\rho = \frac{Q'}{Q}R_0$$

$$= \frac{22.9}{100} \times 20 = 4.58 \text{ k}\Omega$$

即有

$$\frac{R_0 R'}{R_0 + R'} = 4.58$$

解得

$$R' = 5.94 \text{ k}\Omega$$

6.12 在图示的并联谐振电路中，虚线框起来部分为空载回路，G_0 为空载回路的谐振电导，试证明当考虑内电导 G_s 和负载电导 G_L 的影响后，其等效品质因数

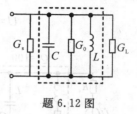

题 6.12 图

$$Q_e = \frac{G_0}{G_s + G_0 + G_L} Q_0$$

证明 设虚线所围空载回路的品质因数为 Q_0，谐振电导为 G_0，则

$$G_0 = \frac{1}{R_0} = \frac{1}{Q_0 \rho} \tag{1}$$

式(1)中，$\rho = \sqrt{L/C}$ 为特性阻抗。考虑 G_s、G_L 影响后回路两端的等效电导

$$G_e = G_s + G_0 + G_L \tag{2}$$

而等效电导可认为等效品质因数与特性阻抗乘积之倒数，即

$$G_e = \frac{1}{Q_e \rho} \tag{3}$$

由式(1)可得

$$\rho = \frac{1}{G_0 Q_0} \tag{4}$$

将式(2)、式(4)代入式(3)，得

$$G_s + G_0 + G_L = \frac{1}{Q_e \cdot \frac{1}{G_0 Q_0}} = \frac{Q_0}{Q_e} G_0$$

所以

$$Q_e = \frac{G_0}{G_s + G_0 + G_L} Q_0$$

6.13 在题 6.13 图所示的并联谐振电路中，已知 $L = 500 \ \mu\text{H}$，空载回路品质因数 $Q_0 = 100$，$\dot{U}_s = 50 \angle 0° \text{V}$，$R_s = 50 \text{ k}\Omega$，电源角频率 $\omega = 10^6 \text{ rad/s}$，并假设电路已对电源频率谐振。

(1) 求电路的通频带 BW 和回路两端电压 $\dot{U}$。

(2) 如果在回路上并联 $R_L = 30 \text{ k}\Omega$ 的电阻，这时通频带又为多少？

解 (1) 在并联 R_L 之前回路的谐振阻抗为

$$R_0 = Q_0 \rho = Q_0 \omega_0 L = 100 \times 10^6 \times 500 \times 10^{-6} = 50 \text{ k}\Omega$$

等效电阻为

$$R_e = R_s /\!/ R_0 = 50 /\!/ 50 = 25 \text{ k}\Omega$$

等效 Q 值为

$$Q_e = \frac{R_e}{R_0} Q_0 = \frac{25}{50} \times 100 = 50$$

电路通频带为

$$BW = \frac{\omega_0}{Q_e} = \frac{10^6}{50} = 2 \times 10^4 \ \text{rad/s}$$

回路两端电压为

$$\dot{U} = \frac{R_0}{R_s + R_0}\dot{U}_s = \frac{50}{50+50} \times 50\angle 0° = 25\angle 0° \ \text{V}$$

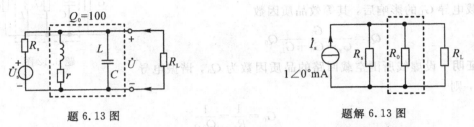

题解 6.13 图   题解 6.13 图

（2）并联 R_L 且将 R_s 与 $\dot{U}_s$ 串联支路互换为电流源，如题解 6.13 图所示。所以等效电阻为

$$R_e' = R_s /\!/ R_0 /\!/ R_L = 50 /\!/ 50 /\!/ 30 = 13.6 \ \text{k}\Omega$$

等效品质因数为

$$Q_e' = \frac{R_e'}{R_0}Q_0 = \frac{13.6}{50} \times 100 = 27.2$$

电路的通频带变为

$$BW' = \frac{\omega_0}{Q_e'} = \frac{10^6}{27.2} = 3.676 \times 10^4 \ \text{rad/s}$$

6.14 在图示的并联谐振电路中，已知 $r = 10 \ \Omega$，$L = 1 \ \text{mH}$，$C = 1000 \ \text{pF}$，信号源内阻 $R_s = 150 \ \text{k}\Omega$。

（1）求电路的通频带 BW。

（2）欲使回路阻抗 $|Z| > 50 \ \text{k}\Omega$，求满足要求的频率范围。

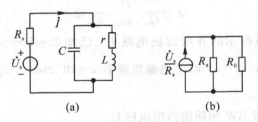

(a)   (b)

题解 6.14 图

解 （1）在图示电路中设电流 $\dot{I}$ 参考方向，如题解 6.14 图（a）所示。回路谐振电阻为

$$R_0 = \frac{L}{rC} = \frac{1 \times 10^{-3}}{10 \times 1000 \times 10^{-12}} = 100 \ \text{k}\Omega$$

将 R_s 与 $\dot{U}_s$ 串联支路互换为电流源，并将并联回路用谐振电阻 R_0 代换，如题解 6.14 图（b）所示。等效电阻为

$$R_e = R_s /\!/ R_0 = 150 /\!/ 100 = 60 \ \text{k}\Omega$$

回路的品质因数为

$$Q_0 = \frac{\sqrt{\dfrac{L}{C}}}{r} = \frac{\sqrt{\dfrac{1 \times 10^{-3}}{1000 \times 10^{-12}}}}{10} = 100$$

谐振角频率为

$$\omega_0 = \frac{1}{\sqrt{LC}} = \frac{1}{\sqrt{1 \times 10^{-3} \times 1000 \times 10^{-12}}} = 10^6 \text{ rad/s}$$

考虑内阻 R_s 影响以后电路的等效品质因数为

$$Q_e = \frac{R_e}{R_0} Q_0 = \frac{60}{100} \times 100 = 60$$

故得电路的通频带

$$\text{BW} = \frac{\omega_0}{Q_e} = \frac{10^6}{60} = 1.67 \times 10^4 \text{ rad/s}$$

（2）回路两端阻抗为

$$Z = \frac{\dot{U}}{\dot{I}} = \frac{(r + j\omega L) \cdot \dfrac{1}{j\omega C}}{r + j\omega L - j\dfrac{1}{\omega C}} \approx \frac{\dfrac{L}{C}}{r + j\omega_0 L\left(\dfrac{\omega}{\omega_0} - \dfrac{\omega_0}{\omega}\right)}$$

$$= \frac{\dfrac{L}{rC}}{1 + j\dfrac{\omega_0 L}{r}\left(\dfrac{\omega}{\omega_0} - \dfrac{\omega_0}{\omega}\right)} = \frac{R_0}{1 + jQ\xi}$$

式中，$\xi = \dfrac{\omega}{\omega_0} - \dfrac{\omega_0}{\omega}$，若约定小失谐，则

$$\xi = \frac{2\Delta\omega}{\omega_0}$$

根据本题的要求

$$|Z| = \frac{R_0}{\sqrt{1 + Q^2 \xi^2}} > 50$$

所以解得

$$|\xi| < \frac{\sqrt{3}}{Q_0} = \frac{\sqrt{3}}{100} = 0.0173$$

即

$$\frac{2\Delta\omega}{\omega_0} = 0.0173 \rightarrow \Delta\omega = 0.00865 \times 10^6 \text{ rad/s}$$

考虑失谐有正失谐（实际角频率高于 ω_0）和负失谐（实际角频率低于 ω_0），所以满足回路阻抗模 $|Z| > 50$ kΩ 的角频率范围为

$$\omega = (\omega_0 - \Delta\omega) \sim (\omega_0 + \Delta\omega)$$
$$= (1 - 0.00865) \times 10^6 \sim (1 + 0.00865) \times 10^6$$
$$= 0.991 \times 10^6 \sim 1.009 \times 10^6 \text{ rad/s} \qquad \text{（取四位有效数字。）}$$

6.15 在图示的并联谐振电路中，虚线框起来的部分为空载回路，其回路谐振角频率 $\omega_0 = 10^6$ rad/s，$Q_0 = 100$，电源内阻 $R_s = 25$ kΩ。求电感 L、电阻 r、回路中环流 I_l。

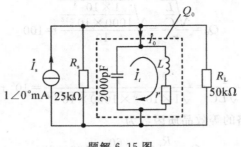

题解 6.15 图

解 在图示电路中设电流 $\dot{I}_0$ 参考方向如题解 6.15 图所示。电器的电感为

$$L=\frac{1}{\omega_0^2 C}=\frac{1}{(10^6)^2\times 2000\times 10^{-12}}=500\ \mu\text{H}$$

因 $Q_0=\omega_0 L/r$，所以

$$r=\frac{\omega_0 L}{Q_0}=\frac{10^6\times 500\times 10^{-6}}{100}=5\ \Omega$$

空载回路的谐振阻抗为

$$R_0=\frac{L}{rC}=\frac{500\times 10^{-6}}{5\times 2000\times 10^{-12}}=50\ \text{k}\Omega$$

应用电阻并联分流关系，得

$$\dot{I}_0=\frac{\dfrac{1}{R_0}}{\dfrac{1}{R_s}+\dfrac{1}{R_0}+\dfrac{1}{R_L}}\dot{I}_s=\frac{\dfrac{1}{50}}{\dfrac{1}{25}+\dfrac{1}{50}+\dfrac{1}{50}}\times 1\angle 0°=0.25\angle 0°\ \text{mA}$$

所以回路中环流有效值

$$I_1=Q_0 I_0=25\ \text{mA}$$

6.16 图示的并联谐振电路为某晶体管中频放大器的负载。

(1) 若放大器的中频 $f_0=465\ \text{kHz}$，回路电容 $C=200\ \text{pF}$，则回路电感 L 是多少？

(2) 要求该回路的选择性在失谐 $\pm 10\ \text{kHz}$ 时，电压下降不小于谐振时的 26.6%，则回路的 Q 值应是多少？（以上两问计算时忽略前后级晶体管放大器的影响。）

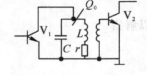

题 6.16 图

解 (1) 由于

$$f_0=\frac{1}{2\pi\sqrt{LC}}$$

所以

$$L=\frac{1}{(2\pi f_0)^2 C}=\frac{1}{(2\times 3.14\times 465\times 10^3)^2\times 200\times 10^{-12}}=586\ \mu\text{H}$$

(2) 晶体管中频放大器可视为一个等效恒流源 I_s（谐振时与小失谐时认为 I_s 数值不变化），要求回路失谐 $\pm 10\ \text{kHz}$ 时回路两端电压不小于 26.6%，即是要求回路阻抗模值在失谐 $\pm 10\ \text{kHz}$ 时不小于谐振时阻抗 R_0 数值的 26.6%。回路阻抗频率函数为

$$Z=\frac{R_0}{1+jQ\xi} \tag{1}$$

一般失谐，有

$$\xi \approx \frac{2\Delta f}{f_0} = \frac{2\times 10}{465} = 0.043 \tag{2}$$

将式(2)代入式(1)并考虑本题要求及上述分析，有

$$|Z| = \frac{R_0}{\sqrt{1+(0.043Q)^2}} \geqslant 0.266R_0$$

显然

$$\frac{1}{1+(0.043Q)^2} \geqslant (0.266)^2$$

解上式得

$$Q \leqslant 84.25$$

6.17 在图示的并联谐振电路中，已知 $L = 200\ \mu\text{H}$，回路谐振频率 $f_0 = 1\ \text{MHz}$，品质因数 $Q_0 = 50$。

(1) 求电容 C 和通频带 BW。

(2) 为使带宽扩展为 BW = 50 kHz，需要在回路两端并电阻 R'，求此时的 R' 值。

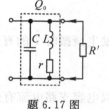

题 6.17 图

解 (1) 由于

$$f_0 = \frac{1}{2\pi\sqrt{LC}}$$

所以

$$C = \frac{1}{(2\pi f_0)^2 L} = \frac{1}{(2\times 3.14\times 1\times 10^6)^2 \times 200\times 10^{-6}} = 126.8\ \text{pF}$$

电路通频带为

$$\text{BW} = \frac{f_0}{Q_0} = \frac{10^6}{50} = 20\ \text{kHz}$$

(2) 回路两端并接合适的电阻，可以展宽频带。具体计算如下：

空载回路的谐振阻抗为

$$R_0 = Q_0\sqrt{\frac{L}{C}} = 50\sqrt{\frac{200\times 10^{-6}}{126.8\times 10^{-12}}} = 62.8\ \text{k}\Omega$$

并联 R' 以后回路两端的等效电阻为

$$R_e = R_0 /\!/ R' = \frac{62.8R'}{62.8+R'}\ \text{k}\Omega \tag{1}$$

若欲使并联 R' 之后通频带 BW' = 50 kHz，则相应的等效品质因数为

$$Q_e = \frac{f_0}{\text{BW}'} = \frac{10^6}{50\times 10^3} = 20$$

又

$$Q_e = \frac{R_e}{R_0}Q_0 \rightarrow R_e = \frac{Q_e}{Q_0}R_0 = \frac{20}{50}\times 62.8 = 25.1\ \text{k}\Omega$$

将 R_e 之数值代入式(1)，有

$$R_e = \frac{62.8R'}{62.8+R'} = 25.1\ \text{k}\Omega$$

解上式得

$$R' = 41.87 \text{ k}\Omega$$

6.18 在图示的并联谐振电
路中,当发生并联谐振时电流表Ⓐ的读数应为多少?

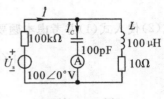

题解 6.18 图

解 在图示电路中设电流 $\dot{I}$、$\dot{I}_C$ 参考方向如题解 6.18 图所示。并联回路谐振阻抗

$$R_0 = \frac{L}{rC} = \frac{100 \times 10^{-6}}{10 \times 100 \times 10^{-12}} = 100 \text{ k}\Omega$$

品质因数为

$$Q_0 = \frac{\sqrt{\frac{L}{C}}}{r} = \frac{\sqrt{\frac{100 \times 10^{-6}}{100 \times 10^{-12}}}}{10} = 100$$

当发生谐振时 $\dot{I}$ 的有效值

$$I_0 = \frac{U_s}{R_s + R_0} = \frac{100}{100 + 100} = 0.5 \text{ mA}$$

所以电容支路电流有效值

$$I_{C0} = Q_0 I_0 = 100 \times 0.5 = 50 \text{ mA}$$

即电流表读数为 50 mA。

6.19 在图示电路中,电源的大小不变而其角频率可以改变,当电流表Ⓐ的读数最大时,电源 $u_s(t)$ 的角频率等于多少?

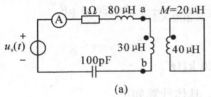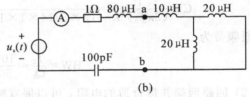

(a)   (b)

题解 6.19 图

解 在图示电路中设 a、b 两点,如题解 6.19 图(a)所示,自 ab 端向右看做去耦等效,如题解 6.19 图(b)所示。等效电感为

$$L_{ab} = 20 /\!/ 20 + 10 = 20 \ \mu\text{H}$$

当图示电路中的电流表读数最大时即是电路发生了串联谐振,所以电路的谐振角频率为

$$\omega_0 = \frac{1}{\sqrt{LC}} = \frac{1}{\sqrt{(80 + 20) \times 10^{-6} \times 100 \times 10^{-12}}} = 10^7 \text{ rad/s}$$

故电源 $u_s(t)$ 的角频率 $\omega = 10^7 \text{ rad/s}$ 时电流表读数最大。

6.20 在图示的并联谐振电路中,已知 $L = 100 \ \mu\text{H}$,$C = 100 \text{ pF}$,$r = 10 \ \Omega$,$R_s = 100 \text{ k}\Omega$,求该电路的通频带 BW。

解 回路的谐振电阻为

$$R_0 = \frac{L}{rC} = \frac{100 \times 10^{-6}}{10 \times 100 \times 10^{-12}} = 100 \text{ k}\Omega$$

品质因数为

$$Q = \frac{\sqrt{\dfrac{L}{C}}}{r} = \frac{\sqrt{\dfrac{100 \times 10^{-6}}{100 \times 10^{-12}}}}{10} = 100$$

谐振角频率为

$$\omega_0 = \frac{1}{\sqrt{LC}} = \frac{1}{\sqrt{100 \times 10^{-6} \times 100 \times 10^{-12}}} = 10^7 \, \text{rad/s}$$

将 R_s 与 $u_s(t)$ 串联支路互换为电流源，回路用 R_0 代替，如题解 6.20 图所示。显然，考虑电源内阻影响后的等效电阻为

$$R_e = R_s \ /\!/ \ R_0 = 100 \ /\!/ \ 100 = 50 \, \text{k}\Omega$$

等效品质因数为

$$Q_e = \frac{R_e}{R_0} Q_0 = \frac{50}{100} \times 100 = 50$$

故得电路的通频带为

$$BW = \frac{\omega_0}{Q_e} = \frac{10^7}{50} = 2 \times 10^5 \, \text{rad/s}$$

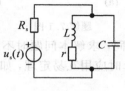

题 6.20 图

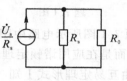

题解 6.20 图

第7章 二端口网络

7.1 题7.1图(a)为无源线性电阻网络。测量得知：当 $u_{s1}=20$ V 时 $i_1=5$ A，$i_2=2$ A；若 $u_{s2}=30$ V 接于 2-2′端子上，1-1′端接 $R=2$ Ω 电阻，则电路变为图(b)所示。求电流 i_R。

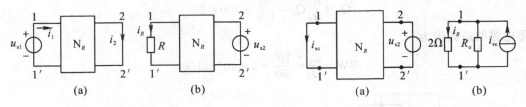

题7.1图   题解7.1图

解 题7.1图所示电路中图(a)、图(b)的拓扑结构不同，求解本问题时不能直接应用互易定理，而是在应用诺顿定理求图(b)1-1′端短路电流 i_{sc} 时应用互易定理，如题解7.1图(a)所示。由互易定理形式 I 知

$$\frac{i_2}{u_{s1}}=\frac{i_{sc}}{u_{s2}}$$

解得

$$i_{sc}=\frac{u_{s2}}{u_{s1}}i_2=\frac{30\times2}{20}=3 \text{ A}$$

由题7.1图(a)及给出的已知条件，相当于用外加电源法求网络 1-1′端向右看的等效电阻为

$$R_o=\frac{u_{s1}}{i_1}=\frac{20}{5}=4 \text{ Ω}$$

所以画出的题7.1图(b)从 1-1′端向右看的诺顿等效电源如题解7.1图(b)所示。由分流公式计算得

$$i_R=\frac{R_o}{R+R_o}i_{sc}=\frac{4}{2+4}\times3=2 \text{ A}$$

7.2 求题7.2图所示的二端口网络的 z 参数，并说明它是否是互易网络。

解 设 A、B 两网孔的巡行方向如图中所示。则列写 KVL 方程为

$$\begin{cases} \dot{U}_1=4\dot{I}_1+\dot{I}_2 \\ \dot{U}_2=(1+\alpha)\dot{I}_1+3\dot{I}_2 \end{cases}$$

对照二端口网络 z 方程标准式

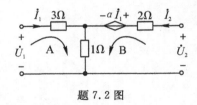

题7.2图

— 146 —

$$\begin{cases} \dot{U}_1 = z_{11}\dot{I}_1 + z_{21}\dot{I}_2 \\ \dot{U}_2 = z_{21}\dot{I}_1 + z_{22}\dot{I}_2 \end{cases}$$

可得

$$\begin{cases} z_{11} = 4\ \Omega,\ z_{12} = 1\ \Omega \\ z_{21} = (1+\alpha)\ \Omega,\ z_{22} = 3\ \Omega \end{cases}$$

若 $\alpha \neq 0$，则 $z_{12} \neq z_{21}$，故判定该网络为非互易网络。

7.3 求题 7.3 图所示的二端口网络的 y 参数，并说明它们是否是互易网络。

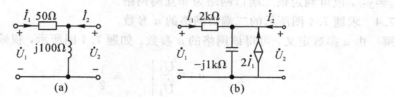

题 7.3 图

解 （1）由题 7.3 图(a)网络，应用 y 参数定义式得

$$y_{11} = \frac{\dot{I}_1}{\dot{U}_1}\bigg|_{\dot{U}_2=0} = \frac{1}{50} = 0.02\ \text{S}$$

$$y_{21} = \frac{\dot{I}_2}{\dot{U}_1}\bigg|_{\dot{U}_2=0} = \frac{-\dot{I}_1}{\dot{U}_1}\bigg|_{\dot{U}_2=0} = -0.02\ \text{S}$$

$$y_{22} = \frac{\dot{I}_2}{\dot{U}_2}\bigg|_{\dot{U}_1=0} = \frac{50+\text{j}100}{50 \times \text{j}100} = (0.02 - \text{j}0.01)\text{S}$$

$$y_{12} = \frac{\dot{I}_1}{\dot{U}_2}\bigg|_{\dot{U}_1=0} = -\frac{\frac{\text{j}100}{50+\text{j}100}\dot{I}_2}{\dot{U}_2}\bigg|_{\dot{U}_1=0} = -0.02\ \text{S}$$

因 $y_{12} = y_{21}$，故判定该网络为互易网络。

由题 7.3 图(b)画输出口短路、输入口短路时电路，分别如题解 7.3 图(a)、题解 7.3 图(b)所示。由 y 参数定义式求。

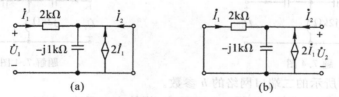

题解 7.3 图

参看题解 7.3 图(a)

$$y_{11} = \frac{\dot{I}_1}{\dot{U}_1}\bigg|_{\dot{U}_2=0} = 0.5\ \text{mS}, \quad y_{21} = \frac{\dot{I}_2}{\dot{U}_1}\bigg|_{\dot{U}_2=0} = \frac{-3\dot{I}_1}{\dot{U}_1}\bigg|_{\dot{U}_2=0} = -1.5\ \text{mS}$$

参看题解 7.3 图(b)

$$\dot{I}_1=-\frac{\dot{U}_2}{2}$$

$$\dot{I}_2=\frac{\dot{U}_2}{2}+\frac{\dot{U}_2}{-\mathrm{j}1}-2\dot{I}_1=\frac{\dot{U}_2}{2}+\frac{\dot{U}_2}{-\mathrm{j}1}+\dot{U}_2=(1.5+\mathrm{j}1)\dot{U}_2$$

所以

$$y_{12}=\frac{\dot{I}_1}{\dot{U}_2}\bigg|_{\dot{U}_1=0}=-0.5\ \mathrm{mS},\quad y_{22}=\frac{\dot{I}_2}{\dot{U}_2}\bigg|_{\dot{U}_1=0}=(1.5+\mathrm{j}1)\ \mathrm{mS}$$

因 $y_{12}\neq y_{21}$，故可判定该二端口网络为非互易网络。

7.4 求题 7.4 图所示的二端口网络的 a 参数。

解 由 a 参数定义，可得该网络的 a 参数。如题 7.4 图所示，视输出端口开路，所以

$$a_{11}=\frac{\dot{U}_1}{\dot{U}_2}\bigg|_{\dot{I}_2=0}=\frac{1}{2}$$

$$a_{21}=\frac{\dot{I}_1}{\dot{U}_2}\bigg|_{\dot{I}_2=0}=-\mathrm{j}0.5\ \mathrm{mS}$$

将输出端口短路，如题解 7.4 图，所以

$$a_{12}=\frac{\dot{U}_1}{-\dot{I}_2}\bigg|_{\dot{U}_2=0}=\frac{[-\mathrm{j}1+\mathrm{j}2/\!/(-\mathrm{j}1)]\dot{I}_1}{\dfrac{\mathrm{j}2}{\mathrm{j}2+(-\mathrm{j}1)}\dot{I}_1}=-\mathrm{j}\frac{3}{2}\ \mathrm{k}\Omega$$

$$a_{22}=\frac{\dot{I}_1}{-\dot{I}_2}\bigg|_{\dot{U}_2=0}=\frac{\dot{I}_1}{\dfrac{\mathrm{j}2}{\mathrm{j}2+(-\mathrm{j}1)}\dot{I}_1}=\frac{1}{2}$$

$$\mathbf{A}=\begin{bmatrix}\dfrac{1}{2} & -\mathrm{j}\dfrac{3}{2}\mathrm{k}\Omega \\[2mm] -\mathrm{j}\dfrac{1}{2}\mathrm{mS} & \dfrac{1}{2}\end{bmatrix}$$

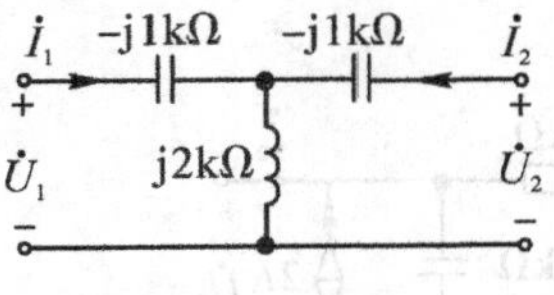

题 7.4 图 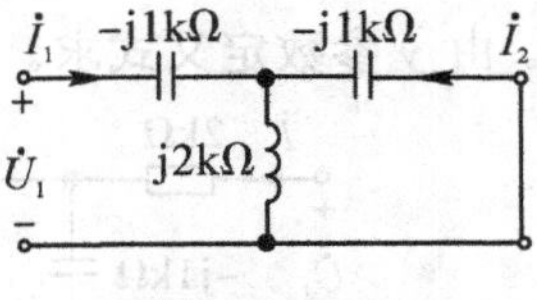　　　　　　　　　　题解 7.4 图

7.5 求题 7.5 图所示的二端口网络的 h 参数。

解 由 h 参数定义求解。如题 7.5 图所示，视输入口开路，所以

$$h_{12}=\frac{\dot{U}_1}{\dot{U}_2}\bigg|_{\dot{I}_1=0}=\frac{R_2}{R_2+R_\mathrm{f}}$$

$$h_{22}=\frac{\dot{I}_2}{\dot{U}_2}\bigg|_{\dot{I}_1=0}=\frac{1}{R_2+R_\mathrm{f}}$$

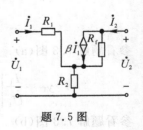

题 7.5 图

将输出端口短路并设有关电流参考方向，如题解 7.5 图所示。应用 KCL、KVL 可列写以下关系式

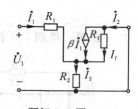

$$\begin{cases} \dot{I}_2 = \beta \dot{I}_1 + \dot{I}_f \\ \dot{I}_3 = (1+\beta)\dot{I}_1 + \dot{I}_f \\ R_2[(1+\beta)\dot{I}_1 + \dot{I}_f] + R_f \dot{I}_f = 0 \\ \dot{U}_1 = R_1 \dot{I}_1 + R_2[(1+\beta)\dot{I}_1 + \dot{I}_f] \end{cases}$$

题解 7.5 图

解得

$$\begin{cases} \dot{I}_f = \dfrac{-(1+\beta)R_2}{R_2 + R_f}\dot{I}_1 \\ \dot{I}_2 = \dfrac{R_f - \beta R_2}{R_2 + R_f}\dot{I}_1 \\ \dot{U}_1 = \dfrac{R_1 R_2 + R_1 R_f + (1+\beta)R_2 R_f}{R_2 + R_f}\dot{I}_1 \end{cases}$$

解得

$$\begin{cases} h_{11} = \dfrac{\dot{U}_1}{\dot{I}_1}\bigg|_{\dot{U}_2 = 0} = \dfrac{R_1 R_2 + R_1 R_f + (1+\beta)R_2 R_f}{R_2 + R_f} \\ h_{21} = \dfrac{\dot{I}_2}{\dot{I}_1}\bigg|_{\dot{U}_2 = 0} = \dfrac{R_f - \beta R_2}{R_2 + R_f} \end{cases}$$

7.6 已知题 7.6 图所示的二端口网络中受控源的控制常数 $g = \dfrac{1}{60}$S，求该网络的 z 参数，并说明是否是互易网络。

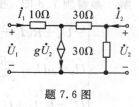

题 7.6 图

解 参看题 7.6 图，视输出端口开路，则 $\dot{I}_2 = 0$，所以

$$(\dot{I}_1 - g\dot{U}_2) \times 30 = \dot{U}_2 \rightarrow \dot{U}_2 = 20\dot{I}_1$$

则由 z 参数定义得

$$z_{11} = \dfrac{\dot{U}_1}{\dot{I}_1}\bigg|_{\dot{I}_2 = 0} = \dfrac{10\dot{I}_1 + 2\dot{U}_2}{\dot{I}_1} = 50 \ \Omega, \quad z_{21} = \dfrac{\dot{U}_2}{\dot{I}_1}\bigg|_{\dot{I}_2 = 0} = 20 \ \Omega$$

视输入端口为开路，则 $\dot{I}_1 = 0$，所以

$$(\dot{I}_2 - g\dot{U}_2) \times 30 = \dot{U}_2 \rightarrow \dot{U}_2 = 20\dot{I}_2$$

而

$$\dot{U}_1 = -g\dot{U}_2 \times 30 + \dot{U}_2 = 10\dot{I}_2$$

再次应用 z 参数定义，得

$$z_{12} = \dfrac{\dot{U}_1}{\dot{I}_2}\bigg|_{\dot{I}_1 = 0} = 10 \ \Omega, \quad z_{22} = \dfrac{\dot{U}_2}{\dot{I}_2}\bigg|_{\dot{I}_1 = 0} = 20 \ \Omega$$

因 $z_{12} \neq z_{21}$，故判定该网络为非互易网络。

7.7 试证明题 7.7 图所示的二端口网络的 y 参数矩阵为

$$Y=\begin{bmatrix} 2 & -1-\mathrm{j}1 \\ -1-\mathrm{j}1 & 2 \end{bmatrix}\mathrm{S}$$

证明 将题 7.7 图复杂的二端口网络视为如题解 7.7 图中两个子二端口网络的并联。

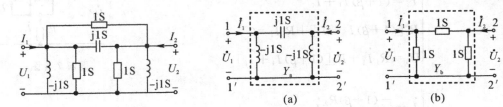

题 7.7 图

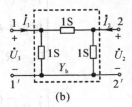

题解 7.7 图

由图(a)、图(b)分别求得

$$Y_\mathrm{a}=\begin{bmatrix} 0 & -\mathrm{j}1 \\ -\mathrm{j}1 & 0 \end{bmatrix}\mathrm{S}, \quad Y_\mathrm{b}=\begin{bmatrix} 2 & -1 \\ -1 & 2 \end{bmatrix}\mathrm{S}$$

考虑两个二端口网络均为三端子网络，它们的并联一定满足连接有效性条件，故得

$$Y=Y_\mathrm{a}+Y_\mathrm{b}=\begin{bmatrix} 2 & -1-\mathrm{j}1 \\ -1-\mathrm{j}1 & 2 \end{bmatrix}\mathrm{S}$$

7.8 题 7.8 图所示的二端口网络，虚线所围部分为理想运算放大器的一种等效电路，它相当于一个理想受控电压源，其中，μ 为放大倍数。试求该网络的 a 参数矩阵。

解 参看题 7.8 图，视输出端口开路，则 $\dot{I}_2=0$，有

$$\begin{cases} -\dot{U}_\mathrm{a}+R_\mathrm{b}\dot{I}_1+\mu\dot{U}_\mathrm{a}=0 \rightarrow \dot{U}_\mathrm{a}=\dfrac{R_\mathrm{b}}{1-\mu}\dot{I}_1 \\[2mm] \dot{U}_2=\mu\dot{U}_\mathrm{a}=\dfrac{\mu R_\mathrm{b}}{1-\mu}\dot{I}_1 \\[2mm] \dot{U}_1=R_\mathrm{a}\dot{I}_1+\dot{U}_\mathrm{a}=\dfrac{(1-\mu)R_\mathrm{a}+R_\mathrm{b}}{1-\mu}\dot{I}_1 \end{cases}$$

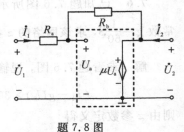

题 7.8 图

由 a 参数定义式解得

$$a_{11}=\dfrac{\dot{U}_1}{\dot{U}_2}\bigg|_{-\dot{I}_2=0}=\dfrac{(1-\mu)R_\mathrm{a}+R_\mathrm{b}}{\mu R_\mathrm{b}}, \quad a_{21}=\dfrac{\dot{I}_1}{\dot{U}_2}\bigg|_{-\dot{I}_2=0}=\dfrac{1-\mu}{\mu R_\mathrm{b}}$$

参看题解 7.8 图，因为输出端口短路，则 $\dot{U}_2=0$，有

$$\mu\dot{U}_\mathrm{a}=\dot{U}_2=0 \rightarrow \dot{U}_\mathrm{a}=0 \rightarrow \dot{I}_1=\dfrac{\dot{U}_1}{R_\mathrm{a}}$$

而

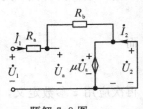

题解 7.8 图

$$\mu\dot{U}_\mathrm{a}=-(R_\mathrm{a}+R_\mathrm{b})\dot{I}_1+\dot{U}_1=0 \rightarrow \dot{I}_1=\dfrac{\dot{U}_1}{R_\mathrm{a}+R_\mathrm{b}}$$

二者矛盾，只有 $\dot{U}_1=0$ 时二者均满足，所以

$$a_{12}=\frac{\dot{U}_1}{(-\dot{I}_2)}\Bigg|_{\dot{U}_2=0}=0, \quad a_{22}=\frac{\dot{I}_1}{(-\dot{I}_2)}\Bigg|_{\dot{U}_2=0}=0$$

7.9 求题 7.9 图所示的复合二端口网络的 z 参数矩阵。

解 设上面虚线所围子二端口网络的 z 参数矩阵为 $\mathbf{Z}_A$，下面虚线所围子二端口网络的 z 参数矩阵为 $\mathbf{Z}_B$。考虑理想变压器次级开路初级亦开路的特性，应用 z 参数定义分别求得

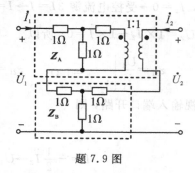

题 7.9 图

$$\mathbf{Z}_A=\begin{bmatrix}2&1\\1&2\end{bmatrix}\Omega, \quad \mathbf{Z}_B=\begin{bmatrix}2&1\\1&2\end{bmatrix}\Omega$$

两个二端子网络均可认为是三端子网络，所以二者的串联连接满足有效性连接条件，故得复合二端口网络的 z 参数矩阵为

$$\mathbf{Z}=\mathbf{Z}_A+\mathbf{Z}_B=\begin{bmatrix}4&2\\2&4\end{bmatrix}\Omega$$

7.10 题 7.10 图所示的双 T 网络可视为两个 T 形网络的并联，已知 $R=1\ \Omega$，$C=1\ \text{F}$，$\omega=1\ \text{rad/s}$。试求该复合二端口网络的 y 参数矩阵。

解 将复合网络看成是 $R、R、2C，R/2、C、C$ 两个 T 形子二端口网络的并联。单独画出两个子二端口网络的相量模型如题解 7.10 图(a)、图(b)所示。应用 y 参数定义，由图(a)、图(b)分别求得 y 参数矩阵为

$$\mathbf{Y}_a=\begin{bmatrix}\dfrac{1+j2}{2+j2}&\dfrac{-1}{2+j2}\\[2mm]\dfrac{-1}{2+j2}&\dfrac{1+j2}{2+j2}\end{bmatrix}\text{S}$$

$$\mathbf{Y}_b=\begin{bmatrix}\dfrac{-1+j2}{2+j2}&\dfrac{1}{2+j2}\\[2mm]\dfrac{1}{2+j2}&\dfrac{-1+j2}{2+j2}\end{bmatrix}\text{S}$$

两个 T 形子二端网络并联满足连接有效性条件，故得复合二端口网络的 y 参数矩阵为

$$\mathbf{Y}=\mathbf{Y}_a+\mathbf{Y}_b=\begin{bmatrix}\sqrt{2}\angle 45°&0\\0&\sqrt{2}\angle 45°\end{bmatrix}\text{S}$$

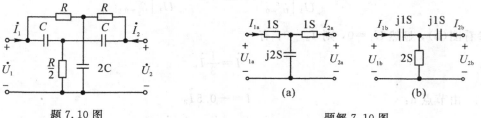

题 7.10 图 　　　　　　题解 7.10 图

7.11 求题 7.11 图所示的二端口网络的 z 参数、y 参数，并画出 z 参数 T 形和 y 参数

π形等效电路。

解 先求 z 参数。如题 7.11 图所示，视输出端口开路，$\dot{I}_2=0 \rightarrow$ 受控电流源 $3I=I \rightarrow I=0 \rightarrow$ 受控电流源开路。

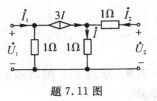

题 7.11 图

而 $\dot{U}_2=1\times\dot{I}_2+1\times\dot{I}=0$，所以

$$z_{11}=\left.\frac{\dot{U}_1}{\dot{I}_1}\right|_{\dot{I}_2=0}=1\ \Omega, \qquad z_{21}=\left.\frac{\dot{U}_2}{\dot{I}_1}\right|_{\dot{I}_2=0}=0\ \Omega$$

再视输入端口开路，则

$$\dot{I}_1=0$$

$$\dot{I}=-\frac{1}{2}\dot{I}_2 \rightarrow \dot{U}_1=-3\dot{I}\times1=-3\times\left(-\frac{1}{2}\dot{I}_2\right)=\frac{3}{2}\dot{I}_2$$

$$\dot{U}_2=1\times\dot{I}_2+1\times\dot{I}=1\times\dot{I}_2-\frac{1}{2}\dot{I}_2\times1=0.5\dot{I}_2$$

所以

$$z_{12}=\left.\frac{\dot{U}_1}{\dot{I}_2}\right|_{\dot{I}_1=0}=1.5\ \Omega, \qquad z_{22}=\left.\frac{\dot{U}_2}{\dot{I}_2}\right|_{\dot{I}_1=0}=0.5\ \Omega$$

再求 y 参数。

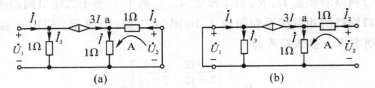

(a)　　　　　　　　　　(b)

题解 7.11 图

将输出端口短路，并设有关节点、回路及电流如题解 7.11 图（a）所示，再将输入端口短路，如题解 7.11 图（b）所示。参看图（a），有 $\dot{U}_2=0$。

由节点 a：

$$\dot{I}=-0.5\dot{I}_2 \tag{1}$$

由回路 A：

$$\dot{I}_2\times1+\dot{I}\times1=0 \rightarrow \dot{I}=-\dot{I}_2 \tag{2}$$

由式(1)、式(2)解得 $\dot{I}=0, \dot{I}_2=0$，所以

$$y_{11}=\left.\frac{\dot{I}_1}{\dot{U}_1}\right|_{\dot{U}_2=0}=1\ S, \qquad y_{21}=\left.\frac{\dot{I}_2}{\dot{U}_1}\right|_{\dot{U}_2=0}=0\ S$$

参看图(b)，显然 $\dot{U}_1=0$，则 $\dot{I}_3=0$，有

$$\dot{I}=\frac{1}{3}\dot{I}_1 \tag{3}$$

由节点 a：

$$\dot{I}=-0.5\dot{I}_2 \tag{4}$$

由回路 A：

$$\dot{U}_2=1\times\dot{I}_2+1\times\dot{I} \tag{5}$$

由式(3)、式(4)和式(5)解得

$$\begin{cases} \dot{U}_2 = -\dfrac{1}{3}\dot{I}_1 \\ \dot{I}_2 = 2\dot{U}_2 \end{cases}$$

所以

$$y_{12} = \dfrac{\dot{I}_1}{\dot{U}_2}\bigg|_{\dot{U}_1=0} = -3 \text{ S}, \qquad y_{22} = \dfrac{\dot{I}_2}{\dot{U}_2}\bigg|_{\dot{U}_1=0} = 2 \text{ S}$$

根据所求 z 参数、y 参数分别画 z 参数、y 参数等效电路，如题解 7.11′图(c)、图(d)所示。

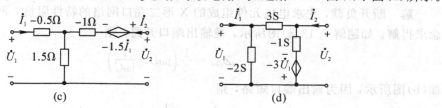

题解 7.11′图

7.12 题 7.12 图所示二端口网络可看成是两个子二端口网络的级联。

（1）求该复合二端口网络的 a 参数矩阵。

（2）若 $R_L = 100\ \Omega$，求该网络的输入阻抗 Z_{in}、电压传输函数 K_u、电流传输函数 K_i。

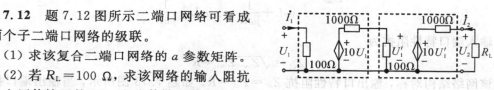

题 7.12 图

解 （1）该复合网络为两个相同的子二端口网络级联构成，单画一个子二端口网络，如题解 7.12 图所示，求其 a 参数。

参看图(a)，视输出端口开路，则 $\dot{I}_2 = 0$，$\dot{U}_2 = 10\dot{U}_1$，$\dot{U}_1 = 100\dot{I}_1$，所以

$$a_{11a} = \dfrac{\dot{U}_1}{\dot{U}_2}\bigg|_{-\dot{I}_2=0} = 0.1$$

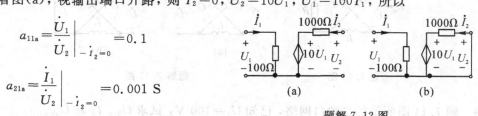

题解 7.12 图

$$a_{21a} = \dfrac{\dot{I}_1}{\dot{U}_2}\bigg|_{-\dot{I}_2=0} = 0.001 \text{ S}$$

参看图(b)，因输出端口短路，则 $\dot{U}_2 = 0$，

$$\dot{U}_1 = 100\dot{I}_1, \quad \dot{I}_2 = \dfrac{-10\dot{U}_1}{1000} = -\dot{I}_1，所以$$

$$a_{12a} = \dfrac{\dot{U}_1}{-\dot{I}_2}\bigg|_{\dot{U}_2=0} = 100\ \Omega, \qquad a_{22a} = \dfrac{\dot{I}_1}{-\dot{I}_2}\bigg|_{\dot{U}_2=0} = 1$$

复合二端口网络的 a 参数矩阵等于相级联两个子二端口网络 a 参数矩阵相乘，即

$$\boldsymbol{A} = \boldsymbol{A}_a \cdot \boldsymbol{A}_b = \begin{bmatrix} 0.1 & 100\ \Omega \\ 0.001\ \text{S} & 1 \end{bmatrix} \begin{bmatrix} 0.1 & 100\ \Omega \\ 0.001\ \text{S} & 1 \end{bmatrix} = \begin{bmatrix} 0.11 & 110\ \Omega \\ 0.0011\ \text{S} & 1.1 \end{bmatrix}$$

（2）输入阻抗为

$$Z_{in} = \dfrac{a_{11}Z_L + a_{12}}{a_{21}Z_L + a_{22}} = \dfrac{0.11 \times 100 + 110}{0.0011 \times 100 + 1.1} = 100\ \Omega$$

电压传输函数为

$$K_u = \frac{Z_L}{a_{11}Z_L + a_{12}} = \frac{100}{0.11 \times 100 + 110} = 0.826$$

电流传输函数为

$$K_i = \frac{-1}{a_{21}Z_L + a_{22}} = \frac{-1}{0.0011 \times 100 + 1.1} = -0.826$$

7.13 若题 7.13 图所示的二端口网络中的 $L/C = R^2$，输出端口接负载 $R_L = R$，试求该网络的输入阻抗 Z_{in}。

解 断开负载，先求电抗元件组成的 X 形二端口网络的特性阻抗，再应用阻抗匹配概念求得解。如题解 7.13(a) 图所示，视输出端口开路，则

$$Z_{in\infty} = \frac{1}{2}\left(j\omega L + \frac{1}{j\omega C}\right)$$

如 (b) 图所示，因为输出端口短路，则

$$Z_{in0} = \frac{2\left(j\omega L \times \frac{1}{j\omega C}\right)}{j\omega L + \frac{1}{j\omega C}} = \frac{2R^2}{j\omega L + \frac{1}{j\omega C}}$$

故得输入端口特性阻抗为

$$Z_{c1} = \sqrt{Z_{in\infty} Z_{in0}} = R$$

考虑该网络结构对称，输出口特性阻抗 $Z_{c2} = Z_{c1} = R$，如题 7.13 图所示，当输出端口接负载 $R_L = R$ 时即输出端口匹配，所以从输入端口看的输入阻抗为

$$Z_{in} = Z_{c1} = R$$

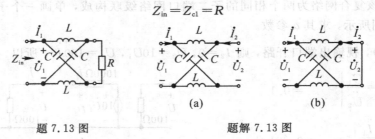

题 7.13 图　　　　　　　　题解 7.13 图　　(a)　　(b)

7.14 题 7.14 图所示的二端口网络，已知 $\dot{U}_1 = 100$ V，试求 $\dot{U}_2$、$\dot{I}_2$ 和 $\dot{U}_{ab}$。

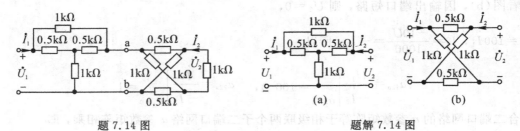

题 7.14 图　　　　　　　　题解 7.14 图　　(a)　　(b)

解 将复合网络视为如题解 7.14 图 (a) 所示的桥 T 形网络与图 (b) 所示的 X 形网络级联构成。设桥 T 形与 X 形网络的 a 参数矩阵分别为 $\boldsymbol{A}_a$ 与 $\boldsymbol{A}_b$。由图 (a) 求得

$$\boldsymbol{A}_a = \begin{bmatrix} 1.222 & 558\ \Omega \\ 0.00089\ \text{S} & 1.222 \end{bmatrix}\ （求解的过程省略。）$$

由图（b）求得

$$A_b = \begin{bmatrix} 3 & 2000\ \Omega \\ 0.0043\ \text{S} & 3 \end{bmatrix}$$

$$A = A_b \cdot A_a = \begin{bmatrix} 6.065 & 4118\ \Omega \\ 0.00792\ \text{S} & 5.446 \end{bmatrix}$$

电压传输函数为

$$K_u = \frac{Z_L}{a_{11}Z_L + a_{12}} = \frac{1000}{6.065 \times 1000 + 4118} = 0.0982$$

故输出端口电压为

$$\dot{U}_2 = K_u \dot{U}_1 = 9.82\ \text{V}$$

输出端口电流为

$$\dot{I}_2 = -\frac{\dot{U}_2}{Z_L} = -0.0098\ \text{A}$$

X 形子二端口网络的输入阻抗为

$$Z_{inb} = \frac{a_{11b}Z_L + a_{12b}}{a_{21b}Z_L + a_{22b}} = \frac{3 \times 1000 + 2000}{0.0043 \times 1000 + 3} = 685\ \Omega$$

这一输入阻抗即是桥 T 形子二端口网络的负载，可用来单独求出桥 T 形网络的电压传输函数为

$$K_{ua} = \frac{Z_{inb}}{a_{11a}Z_{inb} + a_{12a}} = \frac{685}{1.222 \times 685 + 558} = 0.4910$$

所以电压为

$$\dot{U}_{ab} = K_{ua} \dot{U}_1 = 0.4910 \times 100 = 49.10\ \text{V}$$

7.15　求题 7.15 图所示二端口网络的特性阻抗。

解　由题 7.15 图的结构可看出该网络为对称网络，它的输入端口、输出端口的特性阻抗相等，即 $Z_{c1} = Z_{c2}$。参看题 7.15 图，视输出端口开路，所以

$$Z_{in\infty} = (30 + 120) /\!/ 120 = \frac{200}{3}\ \Omega$$

将输出端口短路如题解 7.15 图所示，显然可得

$$Z_{in0} = 120 /\!/ 30 = 24\ \Omega$$

所以

$$Z_{c1} = \sqrt{Z_{in\infty} Z_{in0}} = \sqrt{\frac{200}{3} \times 24} = 40\ \Omega$$

$$Z_{c2} = Z_{c1} = 40\ \Omega$$

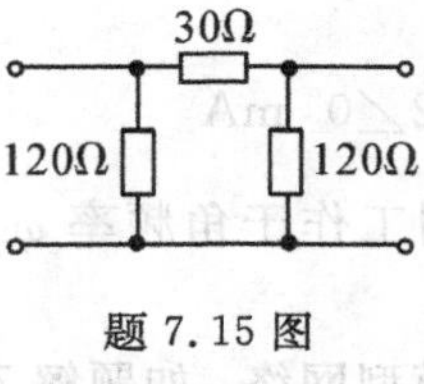

题 7.15 图 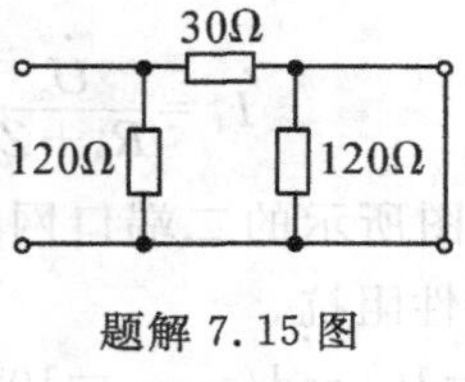　　　　　　题解 7.15 图

7.16　题 7.16 图所示的正弦稳态二端口网络，已知网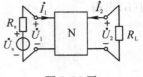
络 N 的 a 参数矩阵为

$$A = \begin{bmatrix} 1.6 & j3.6\ \Omega \\ j0.1\ S & 0.4 \end{bmatrix}$$

题 7.16 图

负载电阻 $R_L = 3\ \Omega$，电压源 $\dot{U}_s = 12\angle 0°\ V$，电源内阻 $R_s = 12\ \Omega$，求 Z_{in}、Z_{out}、K_u、K_i。

解　由相应的各公式，分别求得

$$Z_{in} = \frac{a_{11}R_L + a_{12}}{a_{21}R_L + a_{22}} = \frac{1.6 \times 3 + j3.6}{j0.1 \times 3 + 0.4} = 12\ \Omega$$

$$Z_{out} = \frac{a_{22}R_s + a_{12}}{a_{21}R_s + a_{11}} = \frac{0.4 \times 12 + j3.6}{j0.1 \times 12 + 1.6} = 3\ \Omega$$

$$K_u = \frac{R_L}{a_{21}R_L + a_{22}} = \frac{3}{j0.1 \times 3 + 0.4} = 6\angle -36.9°$$

$$K_i = \frac{-1}{a_{21}R_L + a_{22}} = \frac{-1}{j0.1 \times 3 + 0.4} = 2\angle 143.1°$$

7.17　已知题 7.17 图所示的二端口网络的 h 参数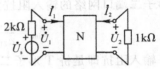
矩阵为 $\boldsymbol{H} = \begin{bmatrix} 1\ k\Omega & -2 \\ 3 & 2\ mS \end{bmatrix}$，$\dot{U}_s = 10\angle 0°\ V$，求输入阻抗

Z_{in} 及输入端口电流 $\dot{I}_1$。

题 7.17 图

解　本题给出的是 h 参数矩阵，本书中给出的输入
阻抗、电流传输函数计算公式均是应用的 a 参数。先将已知的 h 参数转换为 a 参数，然后
再用相应公式求得欲求量。

$$a_{11} = -\frac{|\boldsymbol{H}|}{h_{21}} = -\frac{\begin{vmatrix} 1000 & -2 \\ 3 & 0.002 \end{vmatrix}}{3} = -\frac{8}{3}$$

$$a_{12} = \frac{-h_{11}}{h_{21}} = \frac{-1000}{3}$$

$$a_{21} = -\frac{h_{22}}{h_{21}} = -\frac{0.002}{3}$$

$$a_{22} = \frac{-1}{h_{21}} = \frac{-1}{3}$$

$$Z_{in} = \frac{a_{11}Z_L + a_{12}}{a_{21}Z_L + a_{22}} = \frac{-\dfrac{8}{3} \times 1000 - \dfrac{1000}{3}}{-\dfrac{0.002}{3} \times 1000 - \dfrac{1}{3}} = 3000\ \Omega = 3\ k\Omega$$

输入端口电流为

$$\dot{I}_1 = \frac{\dot{U}_s}{R_s + Z_{in}} = \frac{10\angle 0°}{2 + 3} = 2\angle 0°\ mA$$

7.18　题 7.18 图所示的二端口网络，求其分别工作于角频率 $\omega_1 = 10^3\ rad/s$ 和 $\omega_2 = 10^6\ rad/s$ 时网络的特性阻抗。

解　分别画 $\omega_1 = 10^3\ rad/s$、$\omega_2 = 10^6\ rad/s$ 相量模型网络，如题解 7.18 图(a)、图(b)所

示。因为该网络是对称网络，有

$$Z_{c1} = Z_{c2} = Z_c$$

参看图(a)，分别求输出端开路、短路时输入端的输入阻抗，即

$$Z_{in\infty} = \frac{j100 \times (-j9\,900)}{j100 - j9\,900} = \frac{j100 \times 9\,900}{9\,800} = j101 \ \Omega$$

$$Z_{in0} = \frac{j100 \times (-j10\,000)}{j100 - j10\,000} = \frac{j100 \times 10\,000}{9900} = j101 \ \Omega$$

$$Z_c = \sqrt{Z_{in\infty} Z_{in0}} = \sqrt{j101 \times j101} = j101 \ \Omega$$

参看图(b)，分别求输出端开路、短路时输入端的输入阻抗，即

$$Z_{in\infty} = \frac{j100\,000 \times j99\,990}{j100\,000 + j99\,990} = \frac{j100\,000 \times 99\,990}{199\,990} = j49\,997.5 \ \Omega$$

$$Z_{in0} = \frac{j100\,000 \times (-j10)}{j100\,000 - j10} = \frac{-j100\,000 \times 10}{99\,990} = -j10 \ \Omega$$

$$Z_c = \sqrt{Z_{in\infty} Z_{in0}} = \sqrt{j49\,997.5 \times (-j10)} = 707 \ \Omega$$

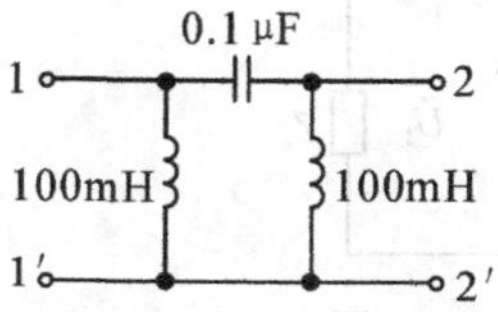

题 7.18 图

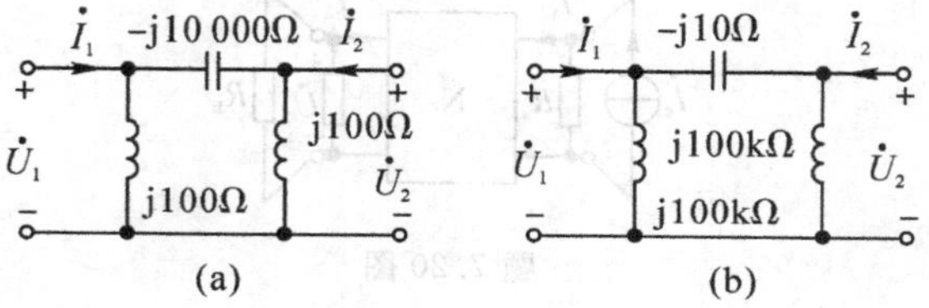

题解 7.18 图

7.19 题 7.19 图所示的二端口网络，已知 $Z_L = 20\angle-60° \ \Omega$，电流传输函数 $K_i = 5\angle120°$，输入阻抗 $Z_{in} = 10\angle53.1° \ k\Omega$，电源内阻 $R_s = 2 \ k\Omega$，电压源 $\dot{U}_s = 80\sqrt{2}\angle30° \ V$。求输出电压 $\dot{U}_2$。

解

$$\dot{I}_1 = \frac{\dot{U}_s}{R_s + Z_{in}} = \frac{80\sqrt{2}\angle30°}{2 + 10\angle53.1°} = 10\angle-15° \ mA$$

$$\dot{I}_2 = K_i \dot{I}_1 = 5\angle120° \times 10\angle-15° = 50\angle105° \ mA$$

$$\dot{U}_2 = -Z_L \dot{I}_2 = -20\angle-60° \times 50\angle105° = 1000\angle-135° \ mV$$

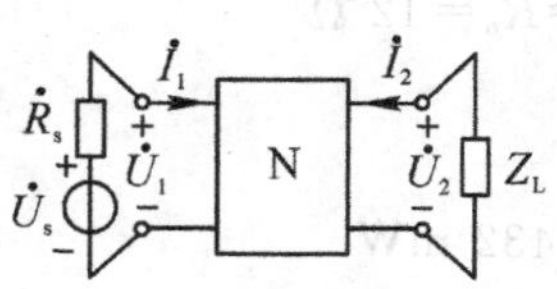

题 7.19 图

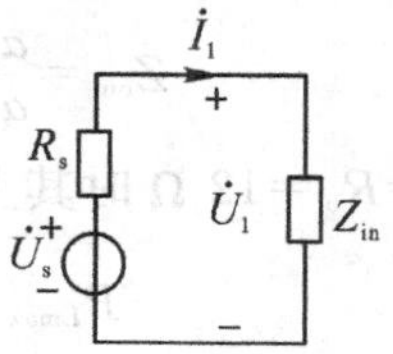

题解 7.19 图

7.20 题 7.20 图所示二端口网络，已知电流源 $\dot{I}_s = 24\angle0° \ mA$，$R_s = 3 \ \Omega$，输出端口接负载电阻 $R_L = 24 \ \Omega$，对于电源角频率 ω，网络 N 的 a 参数矩阵为 $\boldsymbol{A} = \begin{bmatrix} 0.4 & j3.6 \ \Omega \\ j0.1 \ S & 1.6 \end{bmatrix}$

(1) 求负载 R_L 吸收的平均功率 P_L。

(2) 为使负载获得最大功率，试问负载电阻应为多大？并计算此时的最大功率 P_{Lmax}。

解 (1) 先将电流源互换为电压源，输入端口的等效电路如解题 7.20 图所示，有

$$\dot{U}_{\mathrm{s}} = R_{\mathrm{s}}\dot{I}_{\mathrm{s}} = 72\angle 0° \text{ mV}$$

$$Z_{\mathrm{in}} = \frac{a_{11}R_{\mathrm{L}} + a_{12}}{a_{21}R_{\mathrm{L}} + a_{22}} = \frac{0.4 \times 24 + \mathrm{j}3.6}{\mathrm{j}0.1 \times 24 + 1.6}$$

$$= 3.554\angle -35.75° = 2.844 - \mathrm{j}2.076 \ \Omega$$

$$\dot{I}_1 = \frac{\dot{U}_{\mathrm{s}}}{R_{\mathrm{s}} + Z_{\mathrm{in}}} = \frac{72\angle 0°}{3 + 2.884 - \mathrm{j}2.076} = 11.54\angle 19.43° \text{ mA}$$

$$K_i = \frac{-1}{a_{21}R_{\mathrm{L}} + a_{22}} = \frac{-1}{\mathrm{j}0.1 \times 24 + 1.6} = 0.347\angle 123.6°$$

$$\dot{I}_2 = K_i\dot{I}_1 = 0.347\angle 123.6° \times 11.54\angle 19.43° = 4\angle 143° \text{ mA}$$

$$P_{\mathrm{L}} = I_2^2 R_{\mathrm{L}} = (4 \times 10^{-3})^2 \times 24 = 0.384 \text{ mW}$$

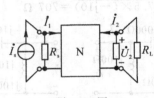
题 7.20 图

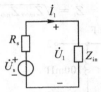
题解 7.20 图

(2) 令 $Z_{\mathrm{L}} = \infty$ 代入输入阻抗、电压传输函数式中，得

$$Z_{\mathrm{in}\infty} = \frac{a_{11}}{a_{21}} = \frac{0.4}{\mathrm{j}0.1} = -\mathrm{j}4 \ \Omega$$

$$K_{u\infty} = \frac{Z_{\mathrm{L}}}{a_{11}Z_{\mathrm{L}} + a_{12}}\bigg|_{Z_{\mathrm{L}}=\infty} = \frac{1}{a_{11}} = \frac{1}{0.4} = 2.5$$

故得

$$\dot{U}_{1\infty} = \frac{\dot{U}_{\mathrm{s}}Z_{\mathrm{in}\infty}}{R_{\mathrm{s}} + Z_{\mathrm{in}\infty}} = \frac{72\angle 0° \times \mathrm{j}4}{3 + \mathrm{j}4} = 57.6\angle 36.9° \text{ mV}$$

$$\dot{U}_{2\infty} = \dot{U}_{\mathrm{oc}} = K_{u\infty}\dot{U}_{1\infty} = 2.5 \times 57.6\angle 36.9° = 144\angle 36.9° \text{ mV}$$

又

$$Z_{\mathrm{out}} = \frac{a_{22}R_{\mathrm{s}} + a_{12}}{a_{21}R_{\mathrm{s}} + a_{11}} = \frac{1.6 \times 3 + \mathrm{j}3.6}{\mathrm{j}0.1 \times 3 + 0.4} = R_{\mathrm{o}} = 12 \ \Omega$$

所以，当 $R_{\mathrm{L}} = R_{\mathrm{o}} = 12 \ \Omega$ 时其上可获得最大功率，此时

$$P_{\mathrm{Lmax}} = \frac{U_{\mathrm{oc}}^2}{4R_{\mathrm{o}}} = \frac{(144 \times 10^{-3})^2}{4 \times 12} = 0.432 \text{ mW}$$

第三部分

综合运用概念举例与点评

Ⅰ 几种"问题类型"含义

1. 简单问题与复杂问题

凡是可用串并联等效化简为单一回路或单一节点偶的电路，称为简单电路。做不到此点的电路，称为复杂电路。

2. 顺问题与逆问题

顺问题，即是已知电路结构、元件参数，求电路中某个响应（某个电流或电压）、功率。

逆问题，即是已知电路结构及大部分元件值与电路中某个响应，求电路中某个元件值或电源之数值。

3. 局部求解问题与全面求解问题

局部求解问题就是求解量比较少的问题，例如，图示电路求某个电流、某个电压或某个功率。而全面求解问题即是求解量比较多的问题，例如，图示电路求各支路电流、各支路电压或各元件上吸收的功率。

4. 直流稳态问题与正弦稳态问题

激励源为直流电源且电路达稳定状态（电路中任何处的电压、电流均不随时间变化）的电路问题，称为直流稳态电路问题。而正弦稳态电路问题是指单一频率正弦激励源作用且电路达稳定状态（其电路中任何处的电压、电流响应均为与正弦激励源同频率且振幅、初相位均为常数的正弦量）的电路问题。

5. 换路问题与过渡过程问题

凡是有电源电压电流、元件参数突然变化、电路中某处突然开路或短路这样一些现象的发生，都称为电路发生了换路。有换路的电路问题中通常归结为用开关描述，图示电路已处于稳态 $t=0$ 时开关闭合或打开，求……。若发生换路前电路处于稳态而发生换路后电路又能达到一种新的稳态，从旧的稳态至新稳态之间的过程，称为过渡过程。过渡过程可理解为从一种稳态过渡到另一种稳态的过程。

Ⅱ 综合运用概念举例

综例 1 图示电路，已知 $U_s = 21$ V，求电流 I_{ab}。

解 本题属简单、局部求解、顺问题题目类型，推荐选用串并联等效、结合应用 KCL、KVL、OL 方法求解。在应用串并联等效时也不必画出很多等效过程图，只需列写简化书写形式的概念性步骤即可。

先判别各电阻间的串并联关系，求出总电流

$$I = \frac{U_s}{6 /\!/ 12 + 6 /\!/ 3 + 1} = \frac{21}{7} = 3 \text{ A}$$

应用电阻并联分流公式，得

$$I_1 = \frac{12}{12 + 6} I = \frac{2}{3} \times 3 = 2 \text{ A}$$

$$I_2 = \frac{3}{6 + 3} I = \frac{1}{3} \times 3 = 1 \text{ A}$$

依 KCL，得

$$I_{ab} = I_1 - I_2 = 2 - 1 = 1 \text{ A}$$

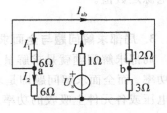

题解综 1 图

点评 本题若排列方程求解，过程就显得麻烦。

综例 2 图示电路，已知 $I_{ab} = 1$ A，求电压源 U_s 产生的功率 P_s。

解 本题属于简单、局部求解的逆问题。推荐使用串并联等效、结合基本定律（KCL、KVL、OL）求解。在原图示电路上设电流 I、I_1、I_2 参考方向，如题解综 2 图所示。

$$I = \frac{U_s}{12 /\!/ 6 + 6 /\!/ 3 + 1} = \frac{U_s}{7}$$

$$I_1 = \frac{12}{12 + 6} I = \frac{2}{3} \times \frac{U_s}{7} = \frac{2}{21} U_s$$

$$I_2 = \frac{3}{6 + 3} I = \frac{1}{3} \times \frac{U_s}{7} = \frac{1}{21} U_s$$

$$I_{ab} = I_1 - I_2 = \frac{2}{21} U_s - \frac{1}{21} U_s = \frac{1}{21} U_s = 1$$

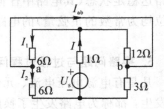

题解综 2 图

解得

$$U_s = 21 \text{ V} \rightarrow I = \frac{21}{7} = 3 \text{ A}$$

所以电压源 U_s 产生功率

$$P_s = U_s I = 21 \times 3 = 63 \text{ W}$$

点评：求解此题所用概念基本上和综例 1 是相同的，但逆问题比顺问题难度大一些，

这是因为 U_s 未知，求解的中间过程只能用代数式表示。这个问题若选用列写方程求解就更为麻烦。

综例 3 图示电路，已知网络 N 吸收的功率 $P=2\text{ W}$，求电压 u。

解 在原图电路上设电流 i、i_1 节点 a、b、c 及接地点，如题解综 3 图所示。因

$$P_N=ui=2$$

所以

$$i=\frac{2}{u} \tag{1}$$

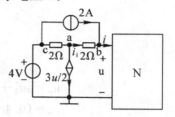

题解综 3 图

由题解综 3 图可知 $V_c=4\text{ V}$，$V_b=u$。对节点 a 列方程

$$\left(\frac{1}{2}+\frac{1}{2}\right)V_a-\frac{1}{2}\times4-\frac{1}{2}u=-\frac{3}{2}u$$

解上式，得

$$V_a=2-u \tag{2}$$

又

$$i_1=\frac{V_a-V_b}{2}=\frac{2-u-u}{2}=1-u \tag{3}$$

$$i_1+2=i \tag{4}$$

将式(1)、式(3)代入式(4)，有

$$u^2-3u+2=0$$

解得 $u_1=1\text{ V}$，$u_2=2\text{ V}$。

点评：本题属复杂、局部求解的逆问题。已知 N 吸收的功率求响应 u，因功率是电压或电流的二次函数，有可能解得两个有意义的解，本题就是如此。

当 $u=u_1=1\text{ V}$ 时 $i=\frac{2}{u}=\frac{2}{1}=2\text{ A}$；当 $u=u_2=2\text{ V}$ 时 $i=\frac{2}{u}=\frac{2}{2}=1\text{ A}$，均能满足 N 吸收 2 W 功率的条件。

综例 4 图示电路，若要求输出电压 $u_o(t)$ 不受电压源 $u_{s2}(t)$ 的影响，问受控源中的 α 应为何值？

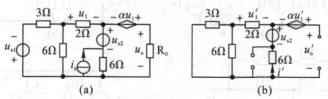

题解综 4 图

解 分析：根据叠加定理作出 $u_{s2}(t)$ 单独作用的分解电路图（受控源保留），解出 $u_o'(t)$，令 $u_o'(t)=0$ 即解得满足 $u_o'(t)$ 不受 $u_{s2}(t)$ 影响的 α 值。但这样的求解虽然概念正确，方法也无问题，但求解过程麻烦。（因 R_o、α 均未给出具体数值，中间过程不便合并只能用代数式表达，致使解算过程繁琐。）

根据基本概念再仔细分析可找到较简单的方法。

因找到的 α 值应使 $u'_o(t)=0$，那么 R_o 上的电流为 0，应用置换定理，将其断开如题解综 4 图(b)所示情况。这是简化分析的关键步骤！

计算：图(b)中

$$i'=\frac{u_{s2}}{3/\!/6+2+6}=0.1u_{s2}$$

$$u'_1=-2i'=-0.2u_{s2}$$

则

$$u'_o=\alpha u'_1+u_{s2}-6i'=-0.2\alpha u_{s2}+u_{s2}-6\times0.1u_{s2}$$

$$=(0.4-0.2\alpha)u_{s2}=0\rightarrow0.4-0.2\alpha=0$$

解得 $\alpha=2$。

点评：倘若该题不是首先应用叠加定理进行分解，不是应用置换定理将 R_o 开路，而是选用网孔法或节点法或等效电源定理求出 $u_o(t)$ 表达式，然后再令 $u_o(t)$ 表达式中有关 $u_{s2}(t)$ 分量部分等于零解得 α 值，其解算过程更为麻烦。

综例 5 综例 5 图所示电路，求电压 U。

解 本题属于复杂、局部求解的顺问题。推荐选用诺顿定理求解。

将综例 5 图变形、等效为题解综 5 图(a)。自 ab 端断开电路，并将其短路，设 I_{sc} 如图(b)所示。则

$$I_{sc}=\frac{24}{6/\!/6+3}\times\frac{1}{2}+\frac{24}{3/\!/6+6}\times\frac{3}{3+6}=2+1=3\text{ A}$$

将图(b)变为求 R_o 的图(c)，显然

$$R_o=[3/\!/6+6]/\![6/\!/3+6]=4\ \Omega$$

画出诺顿等效电源，接上待求支路，如图(d)所示。故得所求电压

$$U=(3+1)\times4/\!/4=8\text{ V}$$

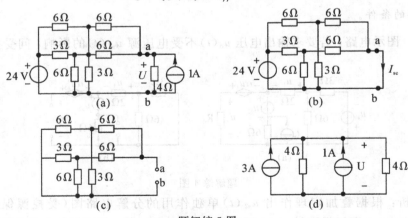

题解综 5 图

点评：对于局部求解的复杂、顺问题的电路，原则上讲使用等效法求解，更多是使用等效电源定理求解；若开路电压较短路电流易求就选用戴维宁定理求解，反之，选用诺顿定理求解。本问题是短路电流较开路电压容易求解，所以推荐使用诺顿定理求解。

综例 6   图(a)所示电路，i_s 为已知，且 $R_s = R_L = 9\ \text{k}\Omega$，$(u_L/u_1) = 0.8$；若将 ab 端短路，测得短路电流 $i_{sc} = 2i_L$，如图(b)所示。试确定电阻 R_1、R_2 的值。

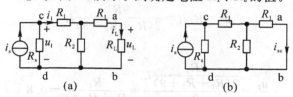

综例 6 图

解   自综例 6 图(a)的 ab 端向左看，将有源二端电路等效成诺顿电源形式，如题解综 6 图(a)所示。根据已知条件

$$i_{sc} = 2i_L$$

故由图(a)可推断

$$R_o = R_L = 9\ \text{k}\Omega$$

求 R_o 的电路如题解综 6 图(b)所示。则由串并联关系，得

$$R_o = \frac{(R_1 + R_s)R_2}{R_s + R_1 + R_2} + R_1 = 9\ \text{k}\Omega$$

即

$$\frac{(R_1 + 9)R_2}{9 + R_1 + R_2} + R_1 = 9\ \text{k}\Omega \tag{1}$$

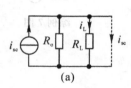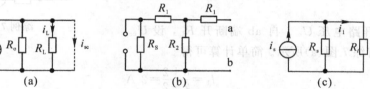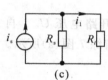

题解综 6 图

在综例 6 图(a)中，从 cd 端向右看的输入电阻为

$$R_i = \frac{(R_1 + R_L)R_2}{R_L + R_1 + R_2} + R_1 = 9\ \text{k}\Omega$$

即

$$\frac{(R_1 + 9)R_2}{9 + R_1 + R_2} + R_1 = 9\ \text{k}\Omega \tag{2}$$

比较式(1)与式(2)，便知

$$R_i = R_o = 9\ \text{k}\Omega$$

求 i_1 的等效电路如题解综 6 图(c)所示。显然

$$i_1 = \frac{1}{2}i_s$$

在综例 6 图(a)中，应用电阻并联分流关系，得电流

$$i_L = \frac{R_2}{R_1 + R_2 + R_L}i_1 = \frac{R_2}{2(R_1 + R_2 + 9)}i_s$$

电压为

$$u_1 = R_1 i_1 = \frac{9}{2} i_s \tag{3}$$

$$u_L = R_L i_L = \frac{9R_2}{2(R_1 + R_2 + 9)} i_s \tag{4}$$

又因条件告知

$$\frac{u_L}{u_1} = \frac{\dfrac{9R_2}{2(R_1 + R_2 + 9)} i_s}{\dfrac{9}{2} i_s} = \frac{R_2}{R_1 + R_2 + 9} = 0.8 \tag{5}$$

将式(5)代入式(2)，得

$$(R_1 + 9) \times 0.8 + R_1 = 9$$

解得 $R_1 = 1$ kΩ，将 R_1 的值代入式(5)即得 $R_2 = 40$ kΩ。

点评：该例的解法运用概念灵活、解法巧妙，其中有分析、判断和计算。如果是应用多次分压关系求 u_L/u_1，然后再求 R_1、R_2，那将陷入复杂的数学运算当中，大大增加了解算本题的困难度。

综例 7 综例 7 图所示电路，求 R_L 分别为 1 Ω、2Ω 和 3Ω 时的电流 I_L。

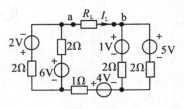

综例 7 图

解 本题属复杂、局部求解的顺问题，但求的是负载多次改变时的负载电流。推荐应用戴维宁定理求解。

（1）求开路电压 U_{oc}。自 ab 端断开 R_L，设 U_{oc}、I_1、I_2 如题解综 7 图(a)所示。简单计算可得

$$I_1 = \frac{6+2}{2+2} = 2 \text{ A}$$

$$I_2 = \frac{5-1}{2+2} = 1 \text{ A}$$

则

$$U_{oc} = -2 + 2I_1 + 4 - 2 \times I_2 - 1 = -2 + 2 \times 2 + 4 - 2 \times 1 - 1 = 3 \text{ V}$$

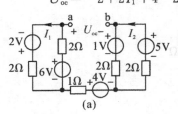
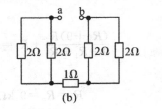
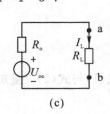

(a)   (b)   (c)

题解综 7 图

（2）求等效内阻 R_o。求 R_o 的电路如图(b)所示，则

$$R_o = 2 /\!/ 2 + 1 + 2 /\!/ 2 = 3 \text{ Ω}$$

（3）求负载电流 I_L。画出戴维宁等效电源并接上 R_L 如图(c)所示，则

$$I_L = \frac{U_{oc}}{R_o + R_L} = \frac{3}{3 + R_L}$$

所以，当 $R_L = 1\ \Omega$ 时，有

$$I_L = \frac{3}{3+1} = 0.75\ \text{A}$$

当 $R_L = 2\ \Omega$ 时，有

$$I_L = \frac{3}{3+2} = 0.6\ \text{A}$$

当 $R_L = 3\ \Omega$ 时，有

$$I_L = \frac{3}{3+3} = 0.5\ \text{A}$$

点评： 这类待求支路多次改变求支路上电流或电压或功率的问题，应用等效电源定理求解方便。若选用网孔法、节点法、叠加定理求解，计算过程则较麻烦。如果应用网孔法求解三种情况的 I_L，需解三次三元联立方程组，显然求解过程是麻烦的。就本例问题来说，端子间的短路电流没有端子间的开路电压容易求解，所以推荐应用戴维宁定理求解。

综例 8 综例 8 图所示电路，负载 R_L 可任意改变，问 R_L 等于多大时其上可获得最大功率，并求出该最大功率 $P_{L\max}$。

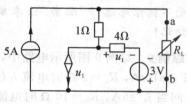

综例 8 图

解 （1）求开路电压 u_{oc}。自 ab 端断开 R_L，设 i_1'、i_2'、u_{oc}，如题解综 8 图 (a) 所示。由欧姆定律及受控电流源特性可知

$$i_1' = \frac{u'}{4}, \quad i_2' = u_1'$$

又由 KCL 知

$$i_1' + i_2' = 5$$

即

$$\frac{u'}{4} + u_1' = 5 \rightarrow u_1' = 4\ \text{V}$$

所以

$$u_{oc} = 5 \times 1 + u_1' - 3 = 5 + 4 - 3 = 6\ \text{V}$$

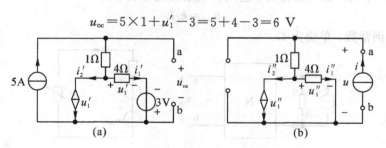

题解综 8 图

（2）求等效内阻 R_o。应用外加电源法求 R_o 的电路如题解综 8 图 (b) 所示。再次应用欧姆定律及 KCL，得

$$\frac{1}{4}u_1'' + u_1'' = i$$

即

$$u_1'' = 0.8i$$

又

$$u = 1 \times i + u_1'' = i + 0.8i = 1.8i$$

则

$$R_o = \frac{u}{i} = 1.8 \ \Omega$$

（3）由最大功率传输定理可知，当

$$R_L = R_o = 1.8 \ \Omega$$

时，其上可获得最大功率。此时

$$P_{Lmax} = \frac{u_{oc}^2}{4R_o} = \frac{6^2}{4 \times 1.8} = 5 \ \text{W}$$

点评：有源线性二端电路一定，负载任意改变求其上获得的最大功率，这就是通常所述的"最大功率问题"。对这类问题的求解形成了与之"配套"的解法，即戴维宁定理或诺顿定理结合最大功率传输定理求解，这种解法最简便。如果遇到这种题型要"条件反射"一样，毫不犹豫地选择"配套"法求解，而不选网孔法、节点法、叠加定理等其他方法求解。切记！

综例 9 综例 9 图所示电路中，N 为其内部只含有若干个直流电源的电阻网络，已知 $i_s = 2 \cos 10t$ A，$R_L = 2 \ \Omega$ 时电流 $i_L(t) = 4 \cos 10t + 2$ A；当 $i_s = 4$ A，$R_L = 4 \ \Omega$ 时电流 $i_L(t) = 8$ A。问当 $i_s = 5$ A，$R_L = 10 \ \Omega$ 时电流 $i_L(t)$ 为多少？

解 因 N 内部结构、元件参数均未知，所以本问题无法用列方程方法求解，单纯使用等效电源定理或单纯使用叠加定理均不能求解。推荐综合应用概念，将戴维宁定理、叠加定理、齐次定理联合应用求解该问题。

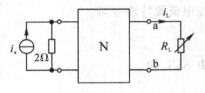

综例 9 图

自 ab 端断开 R_L，进行戴维宁定理等效，如题解综 9 图(b)所示。根据叠加定理将开路电压分为两部分，其中，u_{oc1} 视为激励电流源 i_s 单独作用在 ab 端产生的开路电压部分，应用齐次定理把它表示为

$$u_{oc1} = k_1 i_s$$

式中，k_1 为比例常数，单位为 Ω。

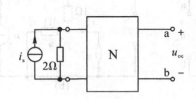 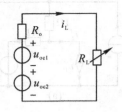

题解综 9 图

u_{oc2} 看成是 N 内部若干个直流电源共同作用在 ab 端产生的开路电压部分，它是常数，其单位为 V。将其表示为

$$u_{oc2} = k_2$$

将两者叠加写为

$$u_{oc} = u_{oc1} + u_{oc2} = k_1 i_s + k_2$$

显然

$$i_L = \frac{u_{oc}}{R_o + R_L} = \frac{k_1 i_s + k_2}{R_o + R_L} \tag{1}$$

将第一组已知条件代入式(1)，有

$$\frac{k_1 \times 2\cos 10t + k_2}{R_o + 2} = 4\cos 10t + 2$$

比较上式两端对应项的系数，得

$$k_1 = 2R_o + 4 \tag{2}$$
$$k_2 = 2R_o + 4 \tag{3}$$

由式(2)、式(3)可见，k_1、k_2为同一单位制下数值相等的两常数。

将第二组已知条件代入式(1)，有

$$\frac{k_1 \times 4 + k_2}{R_o + 4} = 8 \tag{4}$$

式(2)、式(3)代入式(4)，得

$$\frac{(2R_o + 4) \times 4 + 2R_o + 4}{R_o + 4} = 8 \tag{5}$$

解式(5)，得 $R_o = 6\ \Omega$。再将 $R_o = 6\ \Omega$ 代入式(2)、式(3)，得 $k_1 = 16\ \Omega$，$k_2 = 16\ V$。故将 k_1、k_2 及 $i_s = 5\ A$，$R_o = 6\ \Omega$，$R_L = 10\ \Omega$ 代入式(1)，得

$$i_L = \frac{16 \times 5 + 16}{6 + 10} = 6\ A$$

点评：这个题目有较大难度，主要是几个定理的结合应用上。如果遇到的题型与本题的情况相似，应该向与电路定理结合这方面考虑，这是解决难题的好思路。

综例 10 综例 10 图所示的线性电路中，已知当负载电阻 $R_L = 9\ \Omega$ 时，其上电流 $i_L = 0.4\ A$；当 $R_L = 19\ \Omega$ 时，$i_L = 0.2\ A$。求当 $R_L = 3\ \Omega$ 时，电流 $i_L = ?$

解 不要被这个看起来复杂的电路所迷惑，这种题型不要选择网孔法、节点法、叠加定理这些方法求解。推荐选用戴维宁定理或诺顿定理求解。

自 ab 端断开 R_L，并显露出有源线性二端网络的两个端子，我们先画出戴维宁等效电源，接上负载，如题解综 10 图所示。图中 U_{oc}、R_o 现在是两个未知量，但可通过两个已知条件求出来，可知

$$i_L = \frac{U_{oc}}{R_o + R_L} \tag{1}$$

将已知条件代入上式，得

$$i_L = \frac{U_{oc}}{R_o + 9} = 0.4 \tag{2}$$

$$i_L = \frac{U_{oc}}{R_o + 19} = 0.2 \tag{3}$$

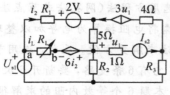

综例 10 图

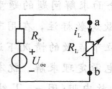

题解综 10 图

解式(2)、式(3),得
$$U_{oc} = 4 \text{ V}, \quad R_o = 1 \text{ } \Omega$$

将 $U_{oc} = 4$ V,$R_o = 1$ Ω,$R_L = 3$ Ω 代入式(1),得
$$i_L = \frac{U_{oc}}{R_o + R_L} = \frac{4}{1+3} = 1 \text{ A}$$

点评:本题的求解不是按"常规"的戴维宁定理求解问题的步骤进行,而是先画出等效电源。需要注意的是,各独立电源、受控源、各电阻均属二端口网络内部的元件。题目中给出两种情况的已知条件,若企图通过这两个条件找出网络内部多个未知元件值是不可能的。

综例 11 图示电路,求各支路电流。

解 本题属全面求解的顺问题,推荐应用网孔法或节点法求解。

在图示电路中设网孔电流 i_A、i_B、i_C 及支路电流 $i_1 \sim i_6$,如题解综 11 图中所示。观察电路对照网孔方程通式,直接写得网孔方程

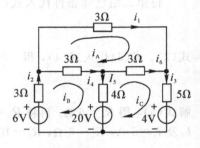

题解综 11 图

$$\begin{cases} 9i_A - 3i_B - 3i_C = 0 \\ -3i_A + 10i_B - 4i_C = -14 \\ -3i_A - 4i_B + 12i_C = 16 \end{cases} \rightarrow \begin{cases} 3i_A - i_B - i_C = 0 \\ -3i_A + 10i_B - 4i_C = -14 \\ -3i_A - 4i_B + 12i_C = 16 \end{cases}$$

各系数行列式

$$\Delta = \begin{vmatrix} 3 & -1 & -1 \\ -3 & 10 & -4 \\ -3 & -4 & 12 \end{vmatrix} = 222, \quad \Delta_A = \begin{vmatrix} 0 & -1 & -1 \\ -14 & 10 & -4 \\ 16 & -4 & 12 \end{vmatrix} = 0,$$

$$\Delta_B = \begin{vmatrix} 3 & 0 & -1 \\ -3 & -14 & -4 \\ -3 & 16 & 12 \end{vmatrix} = -222, \quad \Delta_C = \begin{vmatrix} 3 & -1 & 0 \\ -3 & 10 & -14 \\ -3 & -4 & 16 \end{vmatrix} = 222$$

所以各网孔电流分别为
$$i_A = \frac{\Delta_A}{\Delta} = \frac{0}{222} = 0 \text{ A}, \quad i_B = \frac{\Delta_B}{\Delta} = \frac{-222}{222} = -1 \text{A}, \quad i_C = \frac{\Delta_C}{\Delta} = \frac{222}{222} = 1 \text{ A}$$

根据支路电流等于流经该支路网孔电流的代数和关系,可分别求得
$$i_1 = i_A = 0 \text{ A}, \quad i_2 = i_B = -1 \text{ A}, \quad i_3 = i_C = 1 \text{ A}$$
$$i_4 = i_B - i_A = -1 \text{ A}, \quad i_5 = i_B - i_C = -1 - 1 = -2 \text{ A}$$
$$i_6 = i_C - i_A = 1 - 0 = 1 \text{ A}$$

点评:这种全面求解问题的题型应优先选用方程法(网孔法或节点法)求解。一般的电路图电阻大都用欧姆数标注,在用节点法时需将电阻换算为电导加以整理方程,所以在网孔数小于等于独立节点数的情况下选用网孔法求解更方便。反之,选用节点法方便。这种题型不要用等效电源定理求解。就本例来说,它有 6 条支路,要断开 6 次电路,分别求 6 次开路电压、6 个等效内阻(因 π、T 结构连接,本题 6 个等效内阻的求解很困难),还要画 6 个等效电路,求解的过程非常麻烦。

综例 12 图示电路为动态电路，已知 $i_R(t) = e^{-2t}$ A，求 $u(t)$。

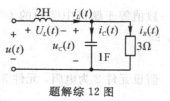

题解综 12 图

解 在图示电路中设各电流、电压参考方向如题解综 12 图所示。由 R、L、C 元件上电压、电流关系及 KCL、KVL，分别求得

$$u_C(t) = 3i_R(t) = 3e^{-2t} \text{ V}$$

$$i_C(t) = C\frac{du_C}{dt} = 1 \times \frac{d3e^{-2t}}{dt} = -6e^{-2t} \text{ A}$$

$$i_L(t) = i_C(t) + i_R(t) = -6e^{-2t} + e^{-2t} = -5e^{-2t} \text{ A}$$

$$u_L(t) = L\frac{di_L}{dt} = 2 \times \frac{d(-5e^{-2t})}{dt} = 20e^{-2t} \text{ V}$$

所以

$$u(t) = u_L(t) + u_C(t) = 20e^{-2t} + 3e^{-2t} = 23e^{-2t} \text{ V}$$

点评：基本元件 R、L、C 上的电压、电流时域关系是重要的基本概念，读者务必掌握好。本题就是应用基本元件上电压、电流关系结合 KCL、KVL 来求解的。

综例 13 图示电路为线性时不变动态电路，它由一个电阻、一个电感和一个电容组成。已知 $i(t) = (10e^{-t} - 20e^{-2t})$ A，$u_1(t) = (-5e^{-t} + 20e^{-2t})$ V，若在 $t=0$ 时电路的总储能为 25 J，试分析确定 R、L、C 之数值。

解 假设各元件上电压、电流参考方向关联，如题解综 13 图所示。1、2、3 元件哪一个是电阻、哪一个是电感以及哪一个是电容，题目中并未告知，只能采用试探法，根据已知条件分析判别，进而确定出元件的数值。这里先假设元件 1 为电阻元件，应有

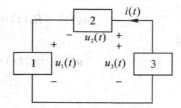

题解综 13 图

$$R = \frac{u_1(t)}{i(t)} = \frac{-5e^{-t} + 20e^{-2t}}{10e^{-t} - 20e^{-2t}}$$

由上式可见，分子分母的比值不为常数，即是说，R 为时间 t 的函数，不是时不变电阻，与已知条件不符，所以应排除元件 1 是电阻。

另设元件 1 为电感元件，应有

$$u_1(t) = L\frac{di(t)}{dt}$$

则

$$L = \frac{u_1(t)}{\dfrac{di(t)}{dt}} = \frac{-5e^{-t} + 20e^{-2t}}{-10e^{-t} + 40e^{-2t}} = \frac{1}{2} \text{ H}$$

符合时不变的条件，确定电感的数值为 $\frac{1}{2}$ H。将 $t=0$ 代入 $i(t)$ 的表达式中，得

$$i(0) = (10e^{-t} - 20e^{-2t})|_{t=0} = -10 \text{ A}$$

当 $t=0$ 时，L 上的储能为

$$w_L(0) = \frac{1}{2}Li^2(0) = \frac{1}{2} \times \frac{1}{2} \times (-10)^2 = 25 \text{ J}$$

这一数值等于题目中已知的 $t=0$ 时电路中总的储能，由此判定 $t=0$ 时电容上的储能为零，即

$$w_C(0)=0$$

假设元件 2 为电阻，元件 3 为电容（或进行相反假设亦可），欲使 $t=0$ 时满足 KVL，必有

$$u_R(0)=u_2(0)=-u_C(0)-u_1(0)$$

考虑

$$w_C(0)=\frac{1}{2}Cu_C^2(0)=0$$

得

$$u_C(0)=0$$

所以

$$u_R(0)=-u_1(0)=-(-5e^{-t}+20e^{-2t})|_{t=0}=-15 \text{ V}$$

又

$$u_R(0)=Ri(0)$$

所以

$$R=\frac{u_R(0)}{i(0)}=\frac{-15}{-10}=1.5 \ \Omega$$

则

$$u_R(t)=Ri(t)=1.5(10e^{-t}-20e^{-2t})=15e^{-t}-30e^{-2t} \text{ V}$$

故得

$$u_C(t)=u_3(t)=-u_1(t)-u_R(t)=-10e^{-t}+10e^{-2t} \text{ V}$$

而

$$u_C(t)=u_C(0)+\frac{1}{C}\int_0^t i(\xi)d\xi=\frac{1}{C}\int_0^t i(\xi)d\xi$$

所以

$$C=\frac{\int_0^t i(\xi)d\xi}{u_C(t)}=\frac{-10e^{-t}+10e^{-2t}}{-10e^{-t}+10e^{-2t}}=1 \text{ F}$$

点评：本问题属动态电路的逆问题。是联合应用元件时不变性、基本元件时域电压电流关系、KVL 和动态元件储能等基本概念求解的。该问题求解过程中有分析、判断和计算，运用概念灵活，计算方法巧妙，是一个非常好的题目。

综例 14 综例 14 图所示电路已处于稳态，当 $t=0$ 时开关 S 闭合，求 $t\geq 0$ 时的 $i(t)$，并画出其波形。

解 这是复杂一阶动态电路的换路问题，推荐应用三要素公式，结合戴维宁定理等效求解。将原图电路中虚线所围部分应用戴维宁定理等效为题解综 14 图（a）电路中虚线所围部分。如何求开路电

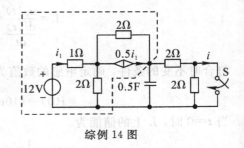

综例 14 图

压、等效内阻的过程省略，这里只给出结果。

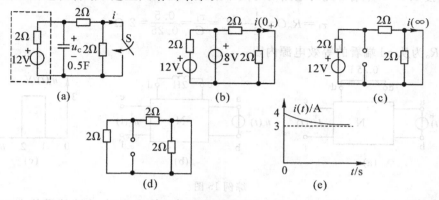

题解综 14 图

(1) 求初始值 $i(0_+)$。因 $t=0_-$ 时，电路处于直流稳态，视电容 C 为开路，所以由图(a)可得

$$u_C(0_-)=\frac{2+2}{2+2+2}\times 12=8 \text{ V}$$

由换路定律，得

$$u_C(0_+)=u_C(0_-)=8 \text{ V}$$

画 $t=0_+$ 时的等效电路如图(b)所示，显然

$$i(0_+)=\frac{8}{2}=4 \text{ A}$$

(2) 求稳态值 $i(\infty)$。换路后当 $t=\infty$ 时，又达到新的直流稳态，将 C 又视为开路，画 $t=\infty$ 时的等效电路如图(c)所示。容易求得

$$i(\infty)=\frac{12}{2+2}=3 \text{ A}$$

(3) 求时间常数 τ。从动态元件 C 两端看的等效电阻 $R_。$电路如图(d)所示。则

$$R_。=2 /\!/ 2=1 \text{ }\Omega$$

$$\tau=R_。C=1\times 0.5=0.5 \text{ s}$$

由三要素公式，得

$$i(t)=i(\infty)+[i(0_+)-i(\infty)]e^{-\frac{1}{\tau}t}$$

$$=3+(4-1)e^{-\frac{1}{0.5}t}=3+e^{-2t} \text{ A}, \quad t\geq 0$$

其波形如图(e)所示。

点评： 对于较复杂的一阶电路，在不改变待求支路的情况下可以先对电路进行等效，然后再用三要素法进行求解。至于等效的过程可以简化。本问题的求解正是这样的。

综例 15 在综例 15 图(a)所示的电路中，N 是由线性受控源及线性时不变电阻组成的网络，它外露 6 个端子。当 ab 端加单位阶跃电压源 $\varepsilon(t)$，cd 端接 0.25 F 电容时，ef 端零状态响应 $u_{f1}(t)=[4-3e^{-2t}]\varepsilon(t) \text{ V}$，求 cd 端改接 2 H 电感，ab 端改接如图(b)所示电压源 $u_s(t)$ 时，ef 端零状态响应 $u_{f2}(t)$。

解 因为已知的 $u_{f1}(t)$ 表达式中只有一个固有频率，即 2 Hz，可判断该电路为一阶电

路。cd 端接 0.25 F 电容，此时电路的时间常数为

$$\tau_1 = R_o C = \frac{1}{2} \rightarrow R_o = \frac{\tau_1}{C} = \frac{0.5}{0.25} = 2 \ \Omega$$

上式中，R_o 为从 cd 端看的等效电源内阻。

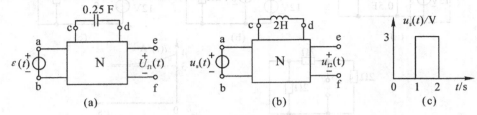

综例 15 图

考虑阶跃响应定义，当 ab 端加电压源 $\varepsilon(t)$、cd 端接电容时 ef 端的零状态响应 $u_{f1}(t)$ 即是此种情况的阶跃响应 $g_1(t)$。所以由 $u_{f1}(t)$ 表达式可求得

$$g_1(0_+) = 1 \ \text{V} \quad （零状态 \rightarrow u_C(0_+)=0 \rightarrow 当 \ t=0_+ \ 时，C \ 相当于短路。）$$

$$g_1(\infty) = 4 \ \text{V} \quad （t=\infty \ 时达直流稳态，C \ 相当于开路。）$$

如果 ab 端仍加 $\varepsilon(t)$ 电压源，而 cd 端改接 2 H 电感，则 ef 端电压为输出的阶跃响应 $g_2(t)$，则

$$\tau_2 = \frac{L}{R_o} = \frac{2}{2} = 1 \ \text{s}$$

考虑零状态，$i_L(0_+)=0$，在 $t=0_+$ 时 L 相当于开路，所以

$$g_2(0_+) = g_1(\infty) = 4 \ \text{V} \quad （关键概念点！）$$

当 $t=\infty$ 时，L 相当于短路，而 $\varepsilon(\infty)=1$ V，所以

$$g_2(\infty) = g_1(0_+) = 1 \ \text{V} \quad （又一个关键概念点！）$$

由三要素公式，得

$$g_2(t) = g_2(\infty) + [g_2(0_+) - g_2(\infty)] e^{-\frac{1}{\tau}t} = (1 + 3e^{-t})\varepsilon(t) \ \text{V}$$

将输入信号 $u_s(t)$ 分解为单位阶跃函数移位加权代数和表示，即

$$u_s(t) = 3\varepsilon(t-1) - 3\varepsilon(t-2)$$

再根据电路的时不变性与叠加性，可得输入为 $u_s(t)$ 时的零状态响应

$$u_{f2}(t) = 3g_2(t-1) - 3g_2(t-2)$$
$$= 3[1 + 3e^{-(t-1)}]\varepsilon(t-1) - 3[1 + 3e^{-(t-2)}]\varepsilon(t-2) \ \text{V}$$

点评：将与本题综例 15 图(c)类似的有突跳的较复杂的台阶式信号，分解为位于不同时刻的单位阶跃函数加权代数和表示的形式，应用阶跃响应，时不变性、叠加性，求台阶式较复杂信号作用时的零状态响应，这种分析电路问题的方法应该掌握好。本题也体现了阶跃函数、阶跃响应，电路时不变性、叠加性的应用思想。

综例 16 综例 16 图所示电路已处于稳态，已知 $u_s(t) = 4\cos 2t$ V，当 $t=0$ 时开关 S 由 a 打向 b，求 $t \geqslant 0$ 时的电压 $u_{cd}(t)$。

解 当 $t=0_-$ 时，电路为正弦稳态电路，用相量法求 $u_C(t)$。由正弦电源函数写相量

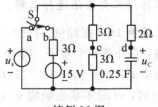

综例 16 图

$$\dot{U}_{\text{sm}}=4\angle0°\text{V}$$

阻抗为

$$Z_C=-\text{j}\frac{1}{\omega C}=-\text{j}\frac{1}{2\times0.25}=-\text{j}2\ \Omega$$

相量模型电路如题解综 16 图(a)所示。由阻抗串联分压关系，得

$$\dot{U}_{Cm}=\frac{-\text{j}2}{2-\text{j}2}\dot{U}_{\text{sm}}=2\sqrt{2}\angle-45°\text{V}$$

则

$$u_C(t)=2\sqrt{2}\cos(2t-45°)\text{V}$$

令 $t=0_-$ 代入上式，得

$$u_C(0_-)=2\ \text{V},\ u_C(0_+)=u_C(0_-)=2\ \text{V}$$

画 $t=0_+$ 时的等效电路如图(b)所示。列写节点方程

$$\left(\frac{1}{3}+\frac{1}{3+3}+\frac{1}{2}\right)v_\text{b}(0_+)=\frac{15}{3}+\frac{2}{2}$$

解得 $v_\text{b}(0_+)=6\ \text{V}$，所以

$$u_{\text{cd}}(0_+)=\frac{3}{3+3}v_\text{b}(0_+)-2=1\ \text{V}$$

当 $t=\infty$ 时，C 相当于开路，画 $t=\infty$ 时的等效电路如图(c)所示。再列写节点方程

$$\left(\frac{1}{3}+\frac{1}{3+3}\right)v_\text{b}(\infty)=\frac{15}{3}$$

解得 $v_\text{b}(\infty)=10\ \text{V}$，所以

$$u_{\text{cd}}(\infty)=-\frac{3}{3+3}v_\text{b}(\infty)=-5\ \text{V}$$

求 R_o 的电路如图(d)所示，则

$$R_\text{o}=3/\!/(3+3)+2=4\ \Omega$$

时间常数

$$\tau=R_\text{o}C=4\times0.25=1\ \text{s}$$

故得

$$u_{\text{cd}}(t)=u_{\text{cd}}(\infty)+[u_{\text{cd}}(0_+)-u_{\text{cd}}(\infty)]\text{e}^{-\frac{1}{\tau}t}$$
$$=-5+6\text{e}^{-t}\ \text{V}\qquad t\geqslant0$$

题解综 16 图

点评：本题换路前的稳态是正弦稳态，在求 $u_C(0_-)$ 时不可将 C 视为开路(切记!)，一定先用相量法求出正弦稳态的 $u_C(t)$，再令 $t=0_-$，求出 $u_C(0_-)$。本题是正弦稳态、三要素法相结合求解的题型，至于求初始值、稳态值，有时用节点法，有时用网孔法或等效电源定理。

综例 17   在综例 17 图所示电路中，N_R 为无源纯阻网络。当零状态且激励源 $i_s(t)=4\varepsilon(t)$ A时，其零状态响应：$i_{Lf1}(t)=2(1-e^{-t})\varepsilon(t)$ A，$u_{Rf1}(t)=(2-0.5e^{-t})\varepsilon(t)$ V，试求当 $i_L(0_-)=2$ A，激励源 $i_s(t)=2\varepsilon(t)$A 时电压全响应 $u_R(t)$。

解   由给定的两个零状态响应表达式判定该电路为一阶 RL 动态电路，其时间常数为
$$\tau=1 \text{ s}$$

假设激励为 $i_s(t)=2\varepsilon(t)$ A 时的零状态响应为 u_{Rf2}，则由齐次性知
$$u_{Rf2}(t)=\frac{1}{2}u_{Rf1}(t)=(1-0.25e^{-t})\varepsilon(t)$$

假设激励 $i_s(t)=0$、$i_L(0_-)=2$ A 时零输入响应为 $u_{Rx}(t)$。

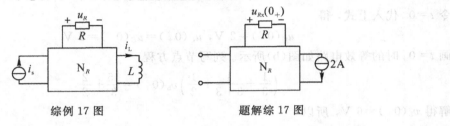

综例 17 图   题解综 17 图

由换路定律可知 $i_L(0_+)=i_L(0_-)=2$ A，画 $t=0_+$ 时的等效电路如题解综 17 图所示。参看综例 17 图及所给定的响应，有
$$t=\infty \text{时}, i_s(\infty)=4 \text{ A}, i_L(\infty)=2 \text{ A}, u_{Rf1}(\infty)=2 \text{ V}$$
$$t=0_+ \text{时}, i_s(0_+)=4 \text{ A}, i_L(0_+)=0, u_{Rf1}(0_+)=1.5 \text{ V}$$

根据替代定理将电感替换为电流源 $i_L(t)$ 并考虑齐次性、叠加性，设
$$u_{Rf1}(0_+)=k_1 i_s(0_+)+k_2 i_L(0_+)$$
$$u_{Rf1}(\infty)=k_1 i_s(\infty)+k_2 i_L(\infty)$$

代入以上分析和计算的数据并加以整理，得以下方程组
$$\begin{cases} k_1 \times 4+k_2 \times 0=1.5 \\ k_1 \times 4+k_2 \times 2=2 \end{cases} \longrightarrow \begin{cases} k_1=0.375 \text{ } \Omega \\ k_2=0.25 \text{ } \Omega \end{cases}$$

参看题解综 17 图，得
$$u_{Rx}(0_+)=k_2 \times 2=0.25 \times 2=0.5 \text{ V}$$

对于电阻上电压 $u_{Rx}(t)$，当 $t=\infty$ 时 $u_{Rx}(\infty)$ 一定等于零。（若不为零，从换路到 $t=\infty R$ 上一定是耗能无限大，这就意味着原来动态元件上储存能量要无限大，这在实际中是不可能的。）因电路结构无变化，故时间常数不变，即 $\tau=1$ s。代入三要素公式，得零输入响应为
$$u_{Rx}(t)=u_{Rx}(\infty)+[u_{Rx}(0_+)-u_{Rx}(\infty)]e^{-\frac{1}{\tau}t}=0.5e^{-t}\varepsilon(t) \text{ V}$$

故得全响应
$$u_R(t)=u_{Rx}(t)+u_{Rf2}(t)=0.5e^{-t}\varepsilon(t)+[1-0.25e^{-t}]$$
$$=(1+0.25e^{-t})\varepsilon(t) \text{ V}$$

点评：求解这个题目应用到了替代、齐次、叠加定理、三要素公式，逐步分析、分层计算，定性、定量相结合是求解本问题的关键。

综例 18   图示的正弦稳态相量模型电路，已知有效值 $U_L=U_R=U_C$，求电源电压有效值 U_s。

解 本问题属于简单、正弦稳态的逆问题。推荐应用阻抗串、并联结合 KCL、KVL 相量形式求解。

选与 L、C 串联的 $10\ \Omega$ 电阻上电压相量作为参考相量，即

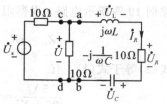

题解综 18 图

$$\dot{U}_R = U_R \angle 0° = 10 \angle 0°\ \text{V}$$

则电流

$$\dot{I}_R = \frac{\dot{U}_R}{10} = \frac{10 \angle 0°}{10} = 1 \angle 0°\ \text{A}$$

电压

$$\dot{U}_L = 10 \angle 90°\ \text{V}, \qquad \dot{U}_C = 10 \angle -90°\ \text{V}$$

所以阻抗

$$Z_L = \frac{\dot{U}_L}{\dot{I}_R} = \text{j}10\ \Omega, \qquad Z_C = \frac{\dot{U}_C}{\dot{I}_R} = -\text{j}10\ \Omega,$$

$$Z_{ab} = \text{j}10 + 10 + (-\text{j}10) = 10\ \Omega$$

$$Z_{cd} = 10 // Z_{ab} = 10 // 10 = 5\ \Omega$$

电压

$$\dot{U} = \frac{Z_{cd}}{10 + Z_{cd}} \dot{U}_s = Z_{ab} \dot{I}_R = 10 \angle 0°\ \text{V}$$

即 $\dfrac{5}{10+5}\dot{U}_s = 10 \angle 0°$，解得 $\dot{U}_s = 30 \angle 0°\ \text{V}$，故得 $U_s = 30\ \text{V}$。

点评：在用相量法分析正弦稳态电路时，原则上讲：对于串联部分选电流相量作参考相量（假设初相位为零度），并联部分选电压相量作为参考相量，而对于既有串联、又有并联的混联电路，那就要灵活机动地选参考相量，可以选电流相量，也可以选电压相量作为参考相量，不能一概而论，要具体问题具体分析。对于简单正弦稳态电路问题，常选取参考相量后画出相量图，辅助问题求解。

综例 19 图示的正弦稳态相量模型电路，已知 $\dot{U}$ 与 $\dot{I}$ 同相位，电压有效值 $U = 20\ \text{V}$，电路吸收的平均功率 $P = 100\ \text{W}$，求 X_C、X_L。

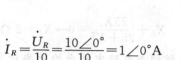

综例 19 图

解 本问题亦属于简单、正弦稳态的逆问题。推荐应用计算平均功率公式结合阻抗串并联等效求解，由

$$P = UI\cos(\varphi_u - \varphi_i) = UI\cos 0° = UI$$

得

$$I = \frac{P}{U} = \frac{100}{20} = 5\ \text{A}$$

据阻抗定义，有

$$Z_{ab} = \frac{\dot{U}}{\dot{I}} = \frac{20}{5} = 4\ \Omega \tag{1}$$

由综例 19 图所示电路,根据阻抗串并联关系,得

$$Z_{ab}=jX_L+\frac{5\times jX_C}{5+jX_C}=\frac{5X_C^2}{25+X_C^2}+j\left(X_L+\frac{25X_C}{25+X_C^2}\right) \tag{2}$$

令式(2)等于式(1),有

$$\frac{5X_C^2}{25+X_C^2}=4\rightarrow X_C=-10\ \Omega(正根无意义,舍去。)$$

$$X_L+\frac{25X_C}{25+X_C^2}=0\rightarrow X_L=2\ \Omega$$

点评:读者应熟练掌握正弦稳态电路中的平均功率计算公式,应会灵活应用。本问题求解中还应用了阻抗定义及串并联计算式这样一些最基本的概念。

综例 20 在综例 20 图示的正弦稳态电路中,已知 $u_s(t)=100\sqrt{2}\cos\omega t$ V,$\omega L_2=120\ \Omega$,$\omega M=1/\omega C=20\ \Omega$,$R=100\ \Omega$,$Z_L$ 可任意改变,问 Z_L 为何值时其上可获得最大功率,并求出该最大功率 P_{Lmax}。

解 先根据互感线圈绕向判别 ac 端为同名端,画 T 形去耦等效电路并断开负载阻抗,设开路电压 $\dot{U}_{oc}$,如题解综 20 图(a)所示。

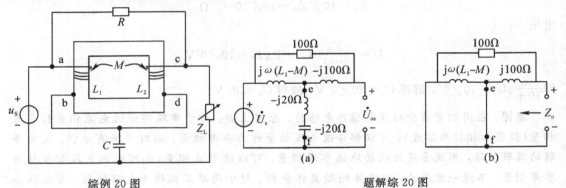

综例 20 图　　　　　　　　　题解综 20 图

(1)求开路电压 $\dot{U}_{oc}$。由 $u_s(t)$ 正弦时间函数写相量

$$\dot{U}_s=100\angle0°V$$

阻抗

$$Z_{ef}=j20+(-j20)=0$$

所以 ef 端相当于短路,则

$$\dot{U}_{oc}=\frac{j100}{100+j100}\times100\angle0°=50\sqrt{2}\angle45°V$$

(2)求等效内阻抗 Z_o。将图(a)中 $\dot{U}_s$ 电压源短路,画求 Z_o 电路,如题解综 20 图(b)所示。则得

$$Z_o=100//j100=50+j50\ \Omega$$

(3)由共轭匹配条件可知

$$Z_L=Z_o^*=50-j50\ \Omega$$

此时,其上可获得最大功率,有

$$P_{Lmax} = \frac{U_{oc}^2}{4R_o} = \frac{(50\sqrt{2})^2}{4 \times 50} = 25 \text{ W}$$

点评:互感同名端判定、T 形去耦等效、戴维宁定理、共轭匹配条件联合应用求得本问题的最大功率。这是包含有多概念点综合应用的题目。

综例 21 图示的正弦稳态电路,已知电压有效值 $U = 10$ V,$\omega = 10^4$ rad/s,$R_1 = 3$ kΩ。调节电阻器使电压表(内阻无限大)读数为最小值,这时 $R_2 = 900$ Ω,$R_3 = 1600$ Ω,求电压表的最小读数和电容的值。

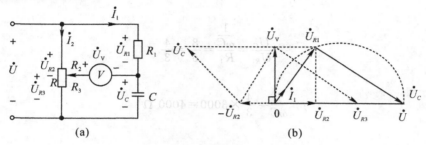

(a)   (b)

题解综 21 图

解 在图示电路上设各电压电流参考方向如题解综 21 图(a)所示,并设 $\dot{U}$ 初相位为零度,则

$$\dot{U}_{R2} = \frac{900}{900+1600} \times 10 = 3.6 \text{ V}$$

$$\dot{U}_{R3} = \dot{U} - \dot{U}_{R2} = 6.4 \text{ V}$$

电流 $\dot{I}_1$ 为容性支路上的电流,它超前 $\dot{U}$ 某个角度,$\dot{U}_{R1}$ 与 $\dot{I}_1$ 同相位,$\dot{U}_C$ 滞后 $\dot{I}_1$ 90°,亦即滞后 $\dot{U}_{R1}$ 90°。相量图如图(b)所示。又

$$\dot{U}_{R1} + \dot{U}_C = \dot{U}$$

由(b)图相量直角三角形关系,得

$$U_C^2 + U_{R1}^2 = 10^2 = 100 \tag{1}$$

电压表两端电压相量

$$\dot{U}_V = \dot{U}_{R1} - \dot{U}_{R2}$$

分析:$\dot{U}_{R1}$ 一定,当调节电阻器时,$\dot{U}_{R2}$ 相量变化,$\dot{U}_V$ 相量也随之变化,只有当 $\dot{U}_V$ 相量垂直 $\dot{U}_{R2}$ 相量,即 $\dot{U}_V$ 超前 $\dot{U}_{R2}$ 90°时其电压表读数才为最小值。据上述分析,有

$$U_{R1}^2 - U_{R2}^2 = U_{Vmin}^2 \tag{2}$$

又

$$\dot{U}_{R3} - \dot{U}_C = \dot{U}_V$$

做类似分析,可得

$$U_C^2 - U_{R3}^2 = U_{Vmin}^2 \tag{3}$$

式(3)减去式(2)并代入 $\dot{U}_{R2}$、$\dot{U}_{R3}$ 的数值,得

$$U_C^2 - U_{R1}^2 = U_{R3}^2 - U_{R2}^2 = 6.4^2 - 3.6^2 = 28 \tag{4}$$

式(1)加上式(4)，得

$$U_C = 8 \text{ V} \quad (\text{负根无意义，舍去。})$$

将 $U_C = 8$ V 之值代入式(1)，得

$$U_{R1} = 6 \text{ V}$$

再将 U_{R1}、U_{R2} 之值代入式(2)，得

$$U_{\text{Vmin}} = \sqrt{6^2 - 3.6^2} = 4.8 \text{ V}$$

因

$$\frac{U_C}{U_{R1}} = \frac{\frac{1}{\omega C}}{R_1} = \frac{8}{6} = \frac{4}{3}$$

所以

$$\frac{1}{\omega C} = \frac{4}{3} \times 3000 = 4000 \ \Omega$$

故得电容

$$C = \frac{1}{4000\omega} = \frac{1}{4000 \times 10^4} = 0.025 \ \mu\text{F}$$

点评：画出相量图，利用直角三角形找出各量间的几何关系，是简便求解本问题的关键步骤。求解过程中分析出 $\dot{U}_V$ 相量垂直 $\dot{U}_{R2}$ 相量时电压表读数最小，是求解本问题的难点之处。

综例 22 综例 22 图所示的含有理想变压器的正弦稳态相量模型电路，负载阻抗 Z_L 可以任意改变，问 Z_L 为何值时其上可获得最大功率，并求出该最大功率 P_{Lmax}。

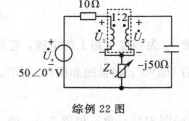

综例 22 图

解　(1) 求开路电压 $\dot{U}_{oc}$。自 ab 端断开 Z_L，设开路电压 $\dot{U}_{oc}$ 如题解综 22 图(a)所示。为满足理想变压器变流关系，由图(a)可知

$$\dot{I}_{10} = 0, \ \dot{I}_{20} = 0$$

由 KVL，得

$$\dot{U}_{10} = -10\dot{I}_{10} + \dot{U}_s - \dot{U}_{oc} = \dot{U}_s - \dot{U}_{oc}$$

依变压关系及对次级回路应用 KVL，得

$$\dot{U}_{20} = 2\dot{U}_{10} = 2\dot{U}_s - 2\dot{U}_{oc} = -\dot{U}_{oc}$$

解得

$$\dot{U}_{oc} = 2\dot{U}_s = 100\angle 0° \text{V}$$

(2) 求等效内阻抗 Z_o。将(a)图中 ab 端短路，设短路电流 $\dot{I}_{sc}$、$\dot{I}_{1s}$ 及 $\dot{I}_{2s}$ 参考方向如图(b)所示。应用阻抗变换关系，得

$$Z_{cd} = \left(\frac{1}{2}\right)^2 \times (-\text{j}50) = -\text{j}12.5 \ \Omega$$

则

$$\dot{I}_{1s} = \frac{\dot{U}_s}{10+Z_{cd}} = \frac{50}{10-j12.5}$$

由变流关系，得

$$\dot{I}_{2s} = -\frac{1}{2}\dot{I}_{1s} = \frac{-25}{10-j12.5}$$

由 KCL，得

$$\dot{I}_{sc} = \dot{I}_{1s} + \dot{I}_{2s} = \frac{25}{10-j12.5}$$

所以等效电源内阻抗

$$Z_o = \frac{\dot{U}_{oc}}{\dot{I}_{sc}} = 40-j50 \ \Omega$$

(3) 画出戴维宁等效电源，接上负载阻抗 Z_L。由共轭匹配条件可知

$$Z_L = Z_o^* = 40+j50 \ \Omega$$

时其上可获得最大功率。此时

$$P_{Lmax} = \frac{U_{oc}^2}{4R_o} = \frac{100^2}{4 \times 40} = 62.5 \ \text{W}$$

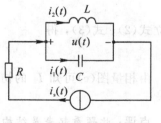

题解综 22 图

点评： 理想变压器的三特性：变压、变流、变阻抗是重要的基本概念，应切实掌握好。由理想变压器的阻抗变换关系可知：次级开路初级亦开路、次级短路初级亦短路的重要结论。本问题的求解综合应用到了变流关系、变压关系、等效电源定理、开路短路法求内阻抗、KCL、KVL、共轭匹配条件这些基本概念。这个问题不要排方程求解，那样更麻烦。

综例 23 综例 23 图所示的是正弦稳态电路，R、L、C 均为常数。已知 $i_s(t) = 6\sqrt{2}\cos(\omega t+45°)$A，式中，$\omega$ 可以改变，当 $\omega = \omega_1$ 时电流有效值 $I_1 = 3$ A，求当 $\omega = 2\omega_1$ 时电流 $i_2(t)$。

解 阻抗为

$$Z_L = j\omega L$$

$$Z_C = \frac{1}{j\omega C}$$

写相量

$$i_s(t) \rightarrow \dot{I}_s = 6\angle 45°\text{A}$$

相量模型电路如题解综 23 图(a)所示。

综例 23 图

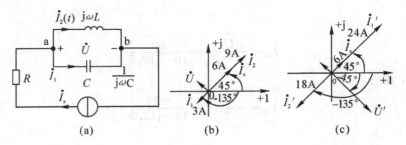

题解综 23 图

分析：角频率改变引起电感、电容的阻抗变化、ab 端电压变化，进而使电流相量变化。可表示为

$$\omega \to Z_{ab} \to \begin{cases} \dot{U} \\ Z'_C \end{cases} \to \dot{I}_1 \\ \begin{cases} Z'_L \\ \dot{U}' \end{cases} \to \dot{I}_2$$

但因 LC 为并联电路，无论 ω 如何变化 $\dot{I}_1$、$\dot{I}_2$ 始终是反相的，且二者有效值之差始终等于 6 A（电流源的有效值）。ω 变化时 ab 端或者等效为纯电感（如 $\omega=\omega_1$），或者等效为纯电容（如 $\omega=2\omega_1$），或者等效为无限大即开路（并联谐振时）。

当 $\omega=\omega_1$ 时 ab 端等效为纯电感，相量 $\dot{U}$ 超前相量 $\dot{I}_s$ 90°，各电流及电压的相量图如题解综 23 图(b)所示。由相量图(b)可见

$$\left. \begin{matrix} I_1=3 \text{ A} \\ I_2-I_1=6 \end{matrix} \right\} \to I_2=9 \text{ A}$$

由阻抗并联时电流有效值之比等于相并联二阻抗模值之反比关系，得

$$\frac{I_1}{I_2}=\frac{\omega_1 L}{\dfrac{1}{\omega_1 C}}=\omega_1^2 LC=\frac{3}{9}=\frac{1}{3} \tag{1}$$

当 $\omega=2\omega_1$ 时 ab 端等效为纯电容，相量 $\dot{U}'$ 滞后相量 $\dot{I}_s$ 90°，各电流及电压的相量图如题解综 23 图(c)所示。由相量图(c)可见

$$\frac{I'_1}{I'_2}=\frac{2\omega_1 L}{\dfrac{1}{2\omega_1 L}}=4\omega_1^2 LC=\frac{4}{3} \tag{2}$$

注意此时 $I'_1 > I'_2$，且有

$$I'_1-I'_2=6 \tag{3}$$

联立式(2)、式(3)，得

$$I'_1=24 \text{ A}, \quad I'_2=18 \text{ A}$$

由相量图(c)可知 $\dot{I}_2$ 的初相位是 $-135°$，所以时间函数

$$i_2(t)=18\sqrt{2}\cos(2\omega_1 t-135°)\text{A}$$

点评：此题看起来是结构很简单的一个正弦稳态电路，但求解起来却不是那么简单。特别是，在依据基本概念分析清楚以后一定要画出相量图，否则，求解过程就会很复杂。

综例 24　综例 24 图所示的正弦稳态相量模型电路，已知阻抗 $Z_1=(10+\mathrm{j}50)\,\Omega$，$Z_2=(400-\mathrm{j}1000)\,\Omega$，试问：

(1) 为使 $\dot{U}$ 与 $\dot{I}_2$ 正交，β 应等于多少？

(2) 为使从 ab 端看的电路呈现感性，问 β 的取值必须大于多少？

解　分析：$\dot{U}$ 与 $\dot{I}_2$ 正交，即 $\dot{U}$ 与 $\dot{I}_2$ 相位差 90°，只要使 $\dot{U}/\dot{I}_2$ 的实部为零即可。为使 ab 端看电路呈现感性，则要求该段电路阻抗的虚部大于零。

(1) 由 KCL 方程，有

$$\dot{I}=\dot{I}_2+\beta\dot{I}_2 \tag{1}$$

由 KVL 方程，有

$$\dot{U}=Z_1\dot{I}+Z_2\dot{I}_2 \tag{2}$$

将式(1)代入式(2)，解得的比值并代入 Z_1、Z_2 的数值，有

$$\frac{\dot{U}}{\dot{I}_2}=(1+\beta)Z_1+Z_2=10(1+\beta)+400+\mathrm{j}[50(1+\beta)-1000]$$

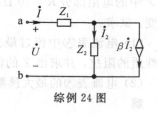

综例 24 图

为使 $\dot{U}$ 与 $\dot{I}_2$ 正交，令上式实部为零，即

$$10(1+\beta)+400=0 \rightarrow \beta=-41$$

(2) 由式(1)、式(2)消去变量 $\dot{I}_2$，可得阻抗

$$Z_{ab}=\frac{\dot{U}}{\dot{I}}=Z_1+\frac{Z_2}{1+\beta}=10+\frac{400}{1+\beta}+\mathrm{j}\left(50-\frac{1000}{1+\beta}\right)$$

为使从 ab 端看的电路呈现感性，令 Z_{ab} 的虚部大于零，即

$$50-\frac{1000}{1+\beta}>0 \rightarrow \beta>19$$

点评：若两个相量正交，则两相量之比的实部必须为零。二端电路阻抗的虚部若大于零，则该电路呈现感性；若小于零，则呈现容性；若等于零，则呈现阻性(谐振状态)。

综例 25　电路如综例 25 图所示，$u_s(t)$ 中含有基波及谐波成分，基波角频率 $\omega_1=1000\ \mathrm{rad/s}$。若使电路能阻止二次谐波电流通过，让基波电流顺利通至负载电阻 R_L，求 C_1 和 C_2。

解　分析：若阻止二次谐波电流通过，则应使电路对二次谐波电流开路；欲使基波电流顺利通至负载，则从电源到负载对基波电流的阻抗应为零。这样，通过串并联谐振可以实现。

令电感 L 与 C_1 对 $2\omega_1$ 发生并联谐振，这样，$Z_{ab}(\mathrm{j}2\omega_1)=\infty$，相当于开路，所以阻止二次谐波电流通过。由并联谐振角频率公式，有

综例 25 图

$$\frac{1}{\sqrt{LC_1}}=2\omega_1 \rightarrow C_1=\frac{1}{4\omega_1^2 L}=\frac{1}{4\times1000^2\times25\times10^{-3}}=10\ \mu\mathrm{F}$$

当 $\omega<2\omega_1$ 时，L 与 C_1 并联电路可等效成一个电感 $L_{eq}(\omega)$，若使 $L_{eq}(\omega_1)$ 与 C_2 发生串联谐振，这样，$Z_{ac}(\mathrm{j}\omega_1)=0$，相当于短路，所以基波电流可顺利通至负载。

$$\frac{j\omega_1 L \cdot \dfrac{1}{j\omega_1 C_1}}{j\omega_1 L + \dfrac{1}{j\omega_1 C_1}} + \frac{1}{j\omega_1 C_2} = 0$$

将 ω_1、L 和 C_1 的数值代入上式，解得

$$C_2 = 30 \ \mu F$$

点评：这是一个选频滤波电路，当基波信号作用时，让其顺利通过达至负载，而对二次谐波信号电流隔断不让其送达负载，对其他谐波项电路呈现不同程度的衰减作用。

综例 26 在综例 26 图所示的正弦稳态电路中，已知理想变压器的输入电压 $u_1(t) = 440\cos(1000t - 45°)$ V，电流表 Ⓐ 是理想的，阻抗 Z 中的电阻部分 $R = 50 \ \Omega$，电抗部分可任意改变。试求：

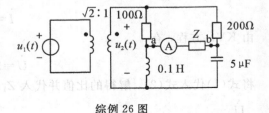

综例 26 图

(1) 电流表 Ⓐ 中流过最大电流时，Z 是什么性质的阻抗，并求出 Z 的值。

(2) 电流表 Ⓐ 的最大读数 I_{max} 为何值？并求出此时阻抗 Z 吸收的平均功率 P_Z。

解
$$Z_L = j\omega L = j1000 \times 0.1 = j100 \ \Omega$$

$$Z_C = \frac{1}{j\omega C} = \frac{1}{j1000 \times 5 \times 10^{-6}} = -j200 \ \Omega$$

由 $u_1(t)$ 正弦时间函数写相量

$$\dot{U}_1 = 440/\sqrt{2} \angle -45° = 220\sqrt{2} \angle -45° \ V$$

画相量模型电路并自 ab 端断开电路，设开路电压 $\dot{U}_{oc}$ 如题解综 26 图(a)所示。

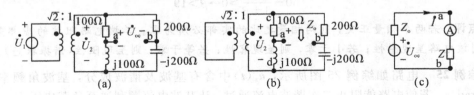

(a)　　　　　　　　(b)　　　　　　　　(c)

题解综 26 图

由理想变压器变压关系，得

$$\dot{U}_2 = \frac{1}{\sqrt{2}}\dot{U}_1 = \frac{1}{\sqrt{2}} \times 220\sqrt{2}\angle -45° = 220\angle -45° \ V$$

所以开路电压为

$$\dot{U}_{oc} = \frac{200}{200 - j200} \times \dot{U}_2 - \frac{100}{100 + j100}\dot{U}_2 = 220\angle 45° \ V$$

将图(a)中电压源 $\dot{U}_1$ 短路，如题解综 26 图(b)所示。考虑理想变压器阻抗变换关系，cd 端相当于短路，故得从 ab 端看的等效电源内阻抗为

$$Z_o = 100 /\!/ j100 + 200 /\!/ (-j200) = (150 - j50)\Omega$$

画出戴维宁等效电源并接上电流表及阻抗 Z，如题解综 26 图(c)所示。

(1) 由图(c)可见，当阻抗 Z 的虚部改变与 Z_o 的虚部正好抵消，即为 j50 Ω 时则可使电

流表读数最大。所以阻抗 Z 为

$$Z=(50+\text{j}50)\,\Omega$$

Z 为感性阻抗。

（2）显然由图（c）可算出此时的最大电流值为

$$I_{\max}=\frac{U_{\text{oc}}}{\text{Re}[Z_{\text{o}}]+\text{Re}[Z]}=\frac{220}{150+50}=1.1\text{ A}$$

此时阻抗 Z 吸收的平均功率为

$$P_Z=I_{\max}^2\text{Re}[Z]=1.1^2\times50=60.5\text{ W}$$

点评：戴维宁定理、理想变压器特性、阻抗串并联、串联谐振特点等这些基本概念、方法联合应用，求解本问题。按本题的求解思路求解是最简便的。

综例 27 综例 27 图所示电路，虚线框所围部分看成是含有受控源的电阻二端口网络 N。

（1）计算二端口网络的 z 参数，并判别该二端口网络的互易性、对称性。

（2）画出该二端口网络的 z 参数 T 形等效电路。

（3）求该二端口网络的输入阻抗 Z_{in} 和输出阻抗 Z_{out}。

（4）求输入端口电流 $\dot{I}_1$、输出端口电流 $\dot{I}_2$ 及负载电阻 R_L 上消耗的平均功率 P_L。

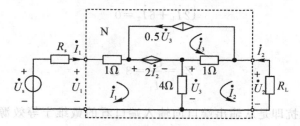

综例 27 图

解 （1）此问题应用定义求 z 参数的方法复杂，推荐用回路法排列方程与标准的 z 方程对照求得 z 参数。在图示电路上设网孔电流 $\dot{I}_1$、$\dot{I}_2$、$\dot{I}_3$，如综例 27 图所示。显然 $\dot{I}_3=0.5\dot{U}_3$，列方程为

$$\begin{cases}\dot{U}_1=5\dot{I}_1+6\dot{I}_2\\\dot{U}_2=4\dot{I}_1+5\dot{I}_2-0.5\dot{U}_3\\\dot{U}_3=4(\dot{I}_1+\dot{I}_2)\end{cases}\quad(1)$$

将式（1）中的第 3 个方程代入第 2 个方程，得

$$\begin{cases}\dot{U}_1=5\dot{I}_1+6\dot{I}_2\\\dot{U}_2=2\dot{I}_1+3\dot{I}_2\end{cases}\quad(2)$$

将式（2）与 z 方程标准形式对照比较，得 z 参数矩阵

$$\mathbf{Z}=\begin{bmatrix}z_{11}&z_{12}\\z_{21}&z_{22}\end{bmatrix}=\begin{bmatrix}5&6\\2&3\end{bmatrix}\Omega$$

由 z 参数矩阵可知 $z_{12} \neq z_{21}$、$z_{11} \neq z_{22}$，所以该二端口网络 N 是非互易、非对称的网络。

（2）由 z 参数矩阵画二端口网络 N 的 z 参数 T 形等效电路，如题解综 27 图中虚线所围部分。

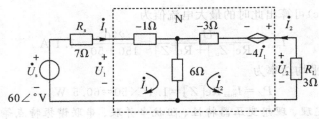

题解综 27 图

（3）设网孔电流 $\dot{I}_1$、$\dot{I}_2$。列写网孔方程

$$\begin{cases} 5\dot{I}_1 + 6\dot{I}_2 = \dot{U}_1 \\ 6\dot{I}_1 + 3\dot{I}_2 - 4\dot{I}_1 = \dot{U}_2 \end{cases} \rightarrow \begin{cases} 5\dot{I}_1 + 6\dot{I}_2 = \dot{U}_1 \\ 2\dot{I}_1 + 3\dot{I}_2 = \dot{U}_2 \end{cases}$$

而 $\dot{U}_2 = -3\dot{I}_2$ 代入上式化简整理，得

$$\begin{cases} 5\dot{I}_1 + 6\dot{I}_2 = \dot{U}_1 \\ 2\dot{I}_1 + 6\dot{I}_2 = 0 \end{cases} \tag{3}$$

解得

$$Z_{in} = \frac{\dot{U}_1}{\dot{I}_1} = 3 \ \Omega$$

二端口网络的输出阻抗即是从输出端口向输入端口看的戴维宁等效源内阻抗，令 $\dot{U}_s = 0$，由题解综 27 图再次列出方程，有

$$\begin{cases} 5\dot{I}_1 + 6\dot{I}_2 = \dot{U}_1 \\ 2\dot{I}_1 + 3\dot{I}_2 = \dot{U}_2 \end{cases}$$

而 $\dot{U}_1 = (\dot{U}_s - 7\dot{I}_1)\big|_{\dot{U}_s=0} = -7\dot{I}_1$ 代入上式并整理得

$$\begin{cases} 12\dot{I}_1 + 6\dot{I}_2 = 0 \\ 2\dot{I}_1 + 3\dot{I}_2 = \dot{U}_2 \end{cases} \rightarrow Z_{out} = \frac{\dot{U}_2}{\dot{I}_2}\bigg|_{\dot{U}_s=0} = 2 \ \Omega$$

（4）参看题解综 27 图，联系输入阻抗概念，显然可得输入端口电流为

$$\dot{I}_1 = \frac{\dot{U}_s}{R_s + Z_{in}} = \frac{60\angle 0°}{7+3} = 6\angle 0° \text{A}$$

由式（3）得

$$\dot{I}_2 = -\frac{1}{3}\dot{I}_1 = -\frac{1}{3} \times 6\angle 0° = 2\angle 180° \text{A}$$

所以负载电阻 R_L 上消耗的平均功率为

$$P_L = I_2^2 R_L = 2^2 \times 3 = 12 \ \text{W}$$

点评：本题是二端口网络综合性的题目，求网络参数、画 T 形 z 参数等效电路、求输入、输出阻抗、求端口电流及负载上消耗功率。本题在求输入、输出阻抗时不是套用公式求的，而是画出二端口网络的等效电路以后，排方程应用输入、输出阻抗最基本的定义式求解的。

综例 28 综例 28 图所示电路，虚线框围起来的部分是由纯电抗元件构成的二端口网络 N，把它插入到电源与负载之间。负载电阻 $R_L = 30\ \Omega$ 是不能改变的。已知电源的内阻 $R_s = 120\ \Omega$，$\dot{U}_s = 240\angle 0°\text{V}$。

(1) 若不插入网络 N，直接将负载与电源相接，求负载上消耗的功率 P_{L1}。

(2) 若将网络 N 插入负载与电源之间，如综例 28 图中所示，再求负载上消耗的功率 P_{L2}。

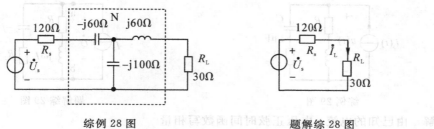

综例 28 图　　　　　题解综例 28 图

解 (1) 若直接将负载与电源相接，如题解综例 28 图所示。显然

$$\dot{I}_L = \frac{\dot{U}_s}{R_s + R_L} = \frac{240\angle 0°}{120 + 30} = 1.6\angle 0°\text{A}$$

所以负载上消耗的功率为

$$P_{L1} = I_L^2 R_L = 1.6^2 \times 30 = 76.8\ \text{W}$$

(2) 若将网络 N 插入负载与电源之间，参看综例 28 图中的网络 N，输入端口的开路、短路阻抗分别为

$$Z_{in\infty} = -j60 - j100 = -j160\ \Omega$$

$$Z_{in0} = -j60 + \frac{j60 \times (-j100)}{j60 - j100} = j90\ \Omega$$

所以网络 N 输入端口特性阻抗为

$$Z_{c1} = \sqrt{Z_{in\infty} Z_{in0}} = \sqrt{(-j160)j90} = 120\ \Omega$$

同理，网络 N 输出端口开路、短路阻抗分别为

$$Z_{out\infty} = j60 - j100 = -j40\ \Omega$$

$$Z_{out0} = \frac{(-j60)(-j100)}{-j60 - j100} + j60 = j22.5\ \Omega$$

网络 N 输出端口特性阻抗为

$$Z_{c2} = \sqrt{Z_{out\infty} Z_{out0}} = \sqrt{(-j40)j22.5} = 30\ \Omega$$

由于 $R_s = Z_{c1}$，$R_L = Z_{c2}$，电路工作在全匹配状态。网络 N 此时接负载时的输入阻抗

$$Z_{in} = Z_{c1} = 120\ \Omega = R_s$$

考虑网络 N 为纯电抗网络，输入阻抗 Z_{in} 吸收的平均功率即是实际负载电阻 R_L 上吸收的平

均功率。由最大功率传输定理可知

$$P_{L2}=\frac{U_s^2}{4R_s}=\frac{240^2}{4\times 120}=120 \text{ W}$$

点评：实际中若遇负载电阻值与电源内阻值不匹配，可在电源与负载之间插入一个纯电抗网络，巧妙设计电抗网络参数，如本例这样，使整个系统全匹配工作，这样可使负载上得到最大功率。这里提醒读者注意，网络全匹配追求的是无反射波，它不一定得到最大功率，只有特性阻抗为纯电阻的全匹配且插入网络为纯电抗网络（如本例）时，才能使网络无反射波又能使负载获得最大功率。此种特殊情况使"鱼"与"熊掌"二者兼得。

综例 29　综例 29 图所示的正弦稳态电路，已知 $i_s(t)=10\cos\omega t$ A，在电源角频率 ω 任意改变情况下，始终保持 $u(t)=100\cos\omega t$ V。试确定元件 R_1、R_2 和 L 的值。

综例 29 图　　　　　　　　　题解综 29 图

解　由已知的电流、电压正弦时间函数写相量

$$i_s(t)=10\cos\omega t \text{ A}\rightarrow \dot{I}_s=10/\sqrt{2}\angle 0°=5\sqrt{2}\angle 0° \text{ A}$$

$$u(t)=100\cos\omega t \text{ A}\rightarrow \dot{U}=100/\sqrt{2}\angle 0°=50\sqrt{2}\angle 0° \text{ V}$$

将电感、电容写出各自的阻抗表示形式，画相量模型电路如题解综 29 图所示。由阻抗定义显然可得

$$Z_{ab}=\frac{\dot{U}}{\dot{I}_s}=\frac{50\sqrt{2}\angle 0°}{5\sqrt{2}\angle 0°}=10 \ \Omega \tag{1}$$

由式(1)可见 Z_{ab} 是与频率无关的纯电阻。

而由阻抗串并联等效，又得

$$Z_{ab}=\frac{(R_1+j\omega L)\left(R_2-j\dfrac{1}{\omega C}\right)}{R_1+j\omega L+R_2-j\dfrac{1}{\omega C}}=\frac{R_1R_2+\dfrac{L}{C}+j\left(\omega LR_2-\dfrac{R_1}{\omega C}\right)}{R_1+R_2+j\left(\omega L-\dfrac{1}{\omega C}\right)} \tag{2}$$

令式(2)等于式(1)，有

$$\frac{R_1R_2+\dfrac{L}{C}+j\left(\omega LR_2-\dfrac{R_1}{\omega C}\right)}{R_1+R_2+j\left(\omega L-\dfrac{1}{\omega C}\right)}=10 \tag{3}$$

要满足式(3)左端分式对任何角频率时比值都等于 10，必然有

$$R_1R_2+\frac{L}{C}=10(R_1+R_2) \tag{4}$$

$$\omega LR_2-\frac{R_1}{\omega C}=10\left(\omega L-\frac{1}{\omega C}\right) \tag{5}$$

将式(5)通分并移项整理，得

$$\omega^2 LC(R_2-10)+(10-R_1)=0 \tag{6}$$

欲使 ω 为任意值时上式恒等于零，必须有

$$R_1=R_2=10\ \Omega$$

将 R_1、R_2 和 C 的值代入式(4)，得

$$L=100\ \mu\mathrm{H}$$

点评：解答本题的关键概念点是 Z_{ab} 与频率无关，从电路结构依阻抗串并联关系找出 Z_{ab} 与元件参数的关系，边推导边进行分析判断，求解出最后结果。

综例 30 图示的二端口网络，试讨论 α 与 μ 应满足什么关系，它才是可逆网络。

解 列写二端口网络的 z 方程为

$$\begin{cases} \dot{U}_1=Z_{11}\dot{I}_1+Z_{12}\dot{I}_2 \\ \dot{U}_2=Z_{21}\dot{I}_1+Z_{22}\dot{I}_2 \end{cases}$$

令 $\dot{I}_2=0$（输出口开路），由综例 30 图可见

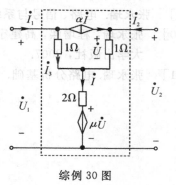

综例 30 图

$$\dot{I}_3=\dot{I}-\alpha\dot{I},\quad \dot{U}=\alpha\dot{I}\times1=\alpha\dot{I},\quad \dot{I}_1=\dot{I}$$

$$\dot{U}_2=\dot{U}+2\dot{I}+\mu\dot{U}=\alpha\dot{I}+2\dot{I}+\mu\alpha\dot{I}=[(\mu+1)\alpha+2]\dot{I}$$

所以

$$Z_{21}=\frac{\dot{U}_2}{\dot{I}_1}\bigg|_{\dot{I}_2=0}=(\mu+1)\alpha+2 \tag{1}$$

令 $\dot{I}_1=0$（入口开路），由图可见

$$\dot{I}_3=-\alpha\dot{I},\quad \dot{I}_2=\dot{I}$$

$$\dot{U}=(\alpha\dot{I}+\dot{I}_2)\times1=(\alpha+1)\dot{I}$$

$$\dot{U}_1=1\times\dot{I}_3+2\dot{I}+\mu\dot{U}=-\alpha\dot{I}+2\dot{I}+\mu(\alpha+1)\dot{I}$$

所以

$$Z_{12}=\frac{\dot{U}_1}{\dot{I}_2}\bigg|_{\dot{I}_1=0}=\mu(\alpha+1)-\alpha+2 \tag{2}$$

若二端口网络是可逆的，则必须满足

$$Z_{12}=Z_{21}$$

令式(2)等于式(1)，即

$$\mu(\alpha+1)-\alpha+2=(\mu+1)\alpha+2$$

故解得

$$\mu=2\alpha$$

所以当满足 $\mu=2\alpha$ 时，该二端口网络属可逆网络。

点评：这里要明确的是，不包含受控源的无源二端口网络一定是可逆网络；含有受控源的二端口网络有可能是不可逆网络，也有可能是可逆网络。本例中，当 $\mu=2\alpha$ 时，它就是可逆二端口网络，若 $\mu\neq2\alpha$ 时，它就是不可逆网络。读者不能有这样的错觉：含有受控源的二端口网络一定是不可逆的。只能说，常见的大多数含受控源的二端口网络属于不可逆二端口网络。

参 考 文 献

[1] 海纳.电路基本概念与题解.北京：人民邮电出版社，1983.

[2] 向国菊，孙鲁扬.电路典型题解.北京：清华大学出版社，1989.

[3] 崔杜武，程少庚.电路试题精编.北京：机械工业出版社，1993.

[4] 吴锡龙.《电路分析》教学指导书.北京：高等教育出版社，2004.

[5] 陈希有.电路理论基础教学指导书.3版.北京：高等教育出版社，2004.

[6] 王淑敏.电路基础常见题型解析及模拟题.西安：西北工业大学出版社，2000.

[7] 张永瑞，王松林，李晓萍.电路基础典型题解析及自测试题.西安：西北工业大学出版社，2002.

[8] 张永瑞，朱可斌.电路分析基础全真试题详解（含期中、期末、考研试题）.西安：西安电子科技大学出版社，2004.

[9] 张永瑞.电路、信号与系统考试辅导.2版.西安：西安电子科技大学出版社，2006.

[10] 张永瑞，程增熙，高建宁.《电路分析基础》实验与题解.3版.西安：西安电子科技大学出版社，2007.

[11] 张永瑞.电路分析基础.4版.西安：西安电子科技大学出版社，2012.